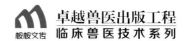

卓越兽医出版工程
临床兽医技术系列

Endoscopy for the veterinary technician

小动物临床内镜检查

（美）苏珊·考克斯（Susan Cox） 主编

蒋书东 周天红 主译

北方联合出版传媒（集团）股份有限公司
辽宁科学技术出版社
沈 阳

图书在版编目（CIP）数据

小动物临床内镜检查 /（美）苏珊·考克斯（Susan Cox）主编；蒋书东，周天红主译. —沈阳：—辽宁科学技术出版社，2022.5

ISBN 978-7-5591-2068-7

Ⅰ. ①小…　Ⅱ. ①苏…　②蒋…　③周…　Ⅲ. ①动物疾病—内窥镜检　Ⅳ. ①S854.4

中国版本图书馆CIP数据核字（2021）第099620号

出版发行：辽宁科学技术出版社
　　　　　（地址：沈阳市和平区十一纬路25号　邮编：110003）
印　刷　者：北京顶佳世纪印刷有限公司
经　销　者：各地新华书店
幅面尺寸：185mm×260mm
印　　张：12
插　　页：4
字　　数：150千字
出版时间：2022年5月第1版
印刷时间：2022年5月第1次印刷
责任编辑：陈广鹏
封面设计：袁　舒
版式设计：袁　舒
特邀编辑：任晓曼　于千会
责任校对：赵淑新

书　　号：ISBN 978-7-5591-2068-7
定　　价：180.00元

联系电话：024-23280036
邮购热线：024-23284502
http://www.lnkj.com.cn

译者委员会

主　译

蒋书东　周天红

副主译

朱　晖　贾永恒　李　娅

参　译（排名不分先后）

王玉芳　王　跃　江丙华　周伟娟　吴　峰　张兴旺

贡献者名单

Susan Cox, RVT, VTS (SAIM)

Veterinary Technician, Small Animal Medicine Service, William R. Pritchard Veterinary
Medical Teaching Hospital, University of California – Davis, Davis, California, USA

Katie Douthitt, RVT

Small Animal Internal Medicine, William R. Pritchard Veterinary Medical Teaching
Hospital, University of California – Davis, Davis, California, USA

Jody Nugent–Deal, RVT, VTS (Anes) (CP – Exotics)

Supervisor – Small Animal Anesthesia Department, William R. Pritchard Veterinary
Medical Teaching Hospital, University of California – Davis, Davis, California, USA

Valerie Walker, RVT

Small Animal Internal Medicine, William R. Pritchard Veterinary Medical Teaching
Hospital, University of California – Davis, Davis, California, USA

前言

我第一次接触兽医内镜检查是从活检取样开始的，当时那位兽医内科医生坚持独自做手术，不允许我做清洁，甚至不允许我拿内镜。这种安排不能有效地利用技术人员，对他繁忙的日程安排也没有好处。此外，许多技术人员虽然知道如何使用内镜，却不知道如何正确地保养它们。因此，我写了本书帮助内镜助手掌握在术前、术中和术后进行内镜保养和处理的技能和知识。

许多诊所将内镜作为一种微创医疗器械纳入医院，为疾病提供诊断和治疗选择。无论是在荧光内镜检查中，在外科手术室中，还是在治疗领域，精通内镜检查的技术人员都是无价的。

兽医内镜教科书是专为内镜兽医而设置的，但很少有关于正确清洁、消毒和使用器械方面的信息。这些主题在第1章和第2章中有完整的介绍，清洗过程有很多附表可以参考。第3章讨论患病动物在接受内镜检查时出现的麻醉挑战，以及如何面对这些挑战。接下来的7章在患病动物的手术准备、所需特定器械、手术程序、活检取样和术后患病动物护理等方面做了简要介绍。最后一章介绍内镜检查套件，包括设备的放置和组装。

我鼓励所有内镜助手和他们的内镜医师一起参加湿式实验室和研讨会。更多的基本技术和新技能的学习经验将提高读者对这篇文章的理解，并使内镜助手成为内镜检查团队中更有价值的成员！

Susan Cox

译者序

20世纪80年代以前，中国还没有伴侣动物的概念，人们对兽医的认知还停留在走街串巷的赤脚"土兽医"上，萧条的经济、简陋的行医条件和落后的设施设备，想要孕育出以"循证医学"为本的兽医简直是天方夜谭。但是，40年后的今天，随着中国经济的腾飞，当我们再次审视犬、猫等小动物的社会地位以及兽医的社会地位时，不由得惊叹，犬、猫等小动物已然是居民的主要伴侣动物，人们对兽医的认知有了质的飞跃，同时动物医院的数量也如雨后春笋般相拥出现，动物医院的设备设施无论是数量还是质量更是水涨船高。犬、猫等小动物的地位提升后，人们对于其出现的疾病的诊治也提出了更高的要求，在一些发达地区，人们对兽医诊治水平的要求甚至跟对人医的要求不相上下。尽管目前先进的设施设备越来越完善，但却没有相应的指导书籍作为参考。在这种情况下，翻译专业书籍将促进兽医学习使用新的设施设备，更能推动行业向前发展。

内镜在人医临床属于日常设备，在当今动物医院里也已经被使用，但在兽医临床还属于先进的设备。内镜的用途非常广泛，几乎所有系统都有涉及，并且内镜可以将诊断和治疗融合为一个步骤，是兽医临床的一把利刃。《小动物临床内镜检查》内容专业度极高，我们力求将前沿的诊疗技术带给中国广大兽医，为小动物谋取更多福利。

本书共有11个章节，包括内镜检查设备，保养和清洁，麻醉注意事项，上、下消化道内镜检查，上、下呼吸道内镜检查，泌尿生殖道内镜检查，胸腹腔内镜检查，关节内镜检查以及终极内镜检查等方面的内容。每章都讲解了大量理论知识，大量图片、表格示意实际操作关键内容并概括重要知识点，内容翔实，言简意赅，可视性强，逻辑性强，易于理解。

本书翻译人员是小动物临床一线的大学老师和小动物医师，具备一定丰富的兽医理论知识和文字功底。翻译过程中，我们力求尊重原文，逐字、逐句、逐段把关推敲。但是，由于时间仓促，译者水平有限，难免有翻译不当或错误之处；如有发现，恳请广大读者反馈给译者或出版社，以便再版时补充修改。

蒋书东

2020年10月 于合肥

目录

在本书中文版出版之际，献给已经离开我们的安徽农业大学蒋书东副教授。

第1章 内镜检查设备

Valerie Walker

内镜是用于可视化检查体腔或中空器官（如肺、腹腔、回肠、结肠、膀胱、十二指肠、鼻腔或胃）的医疗设备。它是一种硬质或软质中空管，配有镜头系统和/或光纤束，有助于对患病动物进行诊断和治疗。使用内镜时能够观察到黏膜表面以评估疾病严重程度并能进行组织取样用于组织病理学、培养及细胞学检查。

自20世纪70年代以来，内镜检查与兽医学密不可分。今天，这类手术已经在全世界范围的兽医实践中成为常规操作。手术类型包括支气管内镜检查、食管内镜检查、胃十二指肠内镜检查、结肠内镜检查、鼻咽内镜检查、鼻内镜检查、腹腔内镜检查和关节内镜检查。

内镜

根据兽用内镜的需要，制造不同的尺寸和功能的内镜。内镜分为两种类型：硬质和软质。两种类型的内镜都是以中空管的结构为基础。为了让光通过内镜，薄光纤丝组装成束用于传输光（非相干）和影像（相干）到远端。影像传回给兽用内镜的方式和内镜的功能特点都能体现光纤在内镜中的不同用途。全光纤内镜使用相干光纤束传输影像，而视频内镜使用视频芯片传输，以及硬质可视内镜则使用镜头/杆系统传输。

硬质内镜

硬质内镜包括乙状结肠镜（如图1.1所示）和可视内镜。乙状结肠内镜用于查看降结肠和直肠，也可用于去除食管异物。乙状结肠内镜是一根中空管，其外径（od）范围为10～19mm，长度为5～25cm。当观察窗关闭且球形吹入器工作时，可获得一个照亮的视图。视图通过观察窗的镜头放大，此时光通过围绕管道内部凹槽的光纤束传输。由于内径较大，当观察窗打开时，可以插入多种类型的活检钳和取物钳。

可视内镜是一种更高质量的医疗级硬质内镜。中空管内装有一系列玻璃棒镜头，可将影像放大到目镜上。影像是通过附带的摄像头或肉眼在显示器上观看。光从远程光源而来，通过连接在光导柱上的光缆传输。光纤光束穿过插入管到达远端。腹腔内镜检查和膀胱内镜检查时，可以对光缆进行蒸汽

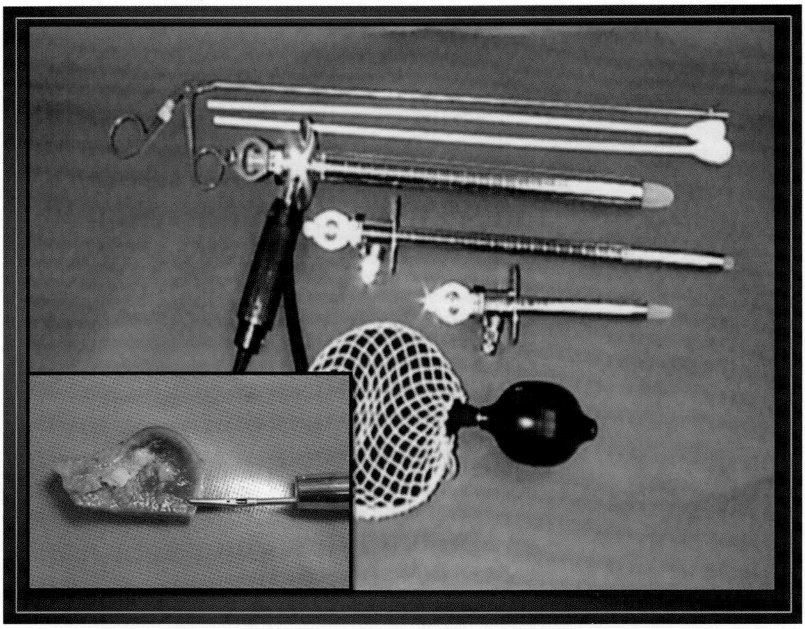

图1.1　（顶部）带硬质活检钳的乙状结肠内镜，大号棉签，带轻型手柄和闭孔器的乙状结肠内镜。左下角插图：取出异物的案例

灭菌，并且大多数型号可以进行浸泡消毒（请与制造商联系）。确保光缆牢固地固定在可视内镜上。有多个适配器适用于不同型号。

硬质可视内镜的外径、视角和长度因其具体用途不同而不同（如图1.2所示）。这些差异使它们成为多功能内镜，特别是与操作护套配合使用时。外径范围1~10mm，长度范围18~30cm。兽医最常用的可视内镜是2.7mm×18cm，配有25°或30°的观测物镜。

视角指的是视野的中央，如图1.2所示。0°端头为前方视野，而通过旋转器械所形成的有角度端头能增加视野。端头的角度范围为10°~120°。

操作护套环绕硬质镜架，附着在目镜基部。虽然操作护套会增加可视内镜的外径，但它也能增加可视内镜的功能。护套具有不同的功能部件。固定管阀位于近端，可连接冲洗或吸引部件。带有工作管道的护套能允许软质器械穿过可视内镜进行活检和取出异物。管阀上的控制杆操控端口的打开或关闭。当这些特性被利用时，可视内镜就成为了多功能内镜，可用于进行膀胱内镜检查、鼻内镜检查和关节内镜检查等手术。

软质内镜

软质内镜分为视频内镜和全光纤内镜。因为光纤内镜操作成本更低所以常用于兽医临床，虽然它们缺乏视频内镜的先进技术。

视频内镜可提供更高质量、分辨率和颜色的影像。在物镜后面的远端头中加入了一个视频芯片，

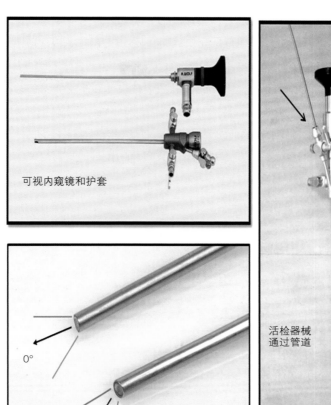

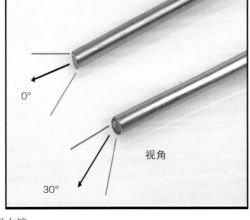

图1.2　硬质可视内镜

可将影像转换为数字信号。该信号通过连接线传输到视频处理器。影像被发送到影像捕获设备、显示器、打印机或计算机。

全光纤镜使用的不是视频芯片，而是用相干光纤束将影像传输到目镜。若要在显示器上看到影像，必须在目镜上安装摄像头。两种类型的内镜都利用非相干光纤束将光传输到远端头进行照射。

这些纤维与人的头发一样薄且柔韧。它们在内镜内部成束排列，并且可以随着内镜的运动而弯曲。一旦这些纤维与水分接触，它们变得又硬又脆并且可能断裂，导致光（非相干）或影像（相干）丢失。因此，所有端口都是密封的，以保护内部免水入侵。

目前市场上有各种各样的内镜可供选择。外径为2.5～11mm或更大，插入管长度为 55～240cm。其他可能变化的机制有两向或四向端头偏转、吹气、吸引、冲洗和操作管道。在选择内镜时，重要的是要了解手术的要求和内镜的多功能性，以及每个内镜的插入管的长度和外径。一个2.5mm（外径）×100cm的小内镜可用于雄性膀胱内镜或者猫或玩具犬的支气管内镜。一个5.3mm（外径）×100cm的儿科胃内镜可以兼作为小型玩具品种动物的胃内镜或大型犬的支气管内镜使用。对于猫或中、小型犬（10～15kg），一个7.8mm（外径）×（100～110）cm的内镜将适用于上消化道手术。在一些中、大型犬中，这种规格内镜只能观察到幽门之后一点点。如果相同外径的内镜有140cm长，则能观察到十二指肠，并且可以实施更彻底的评估。表1.1给出了软质内镜尺寸和手术的示例。相关手术章节回顾并讨论了适用既定手术的最佳内镜。

具有四向偏转、吸引、补气和冲洗相关的内镜对于进行胃肠探查是必不可少的。左右方向的偏转角度应为90°～100°，上下偏转角度为180°～210°。支气管内镜可能只需要90°双向偏转，而膀胱内镜则可能要有270°的双向偏转。

专业术语

无论是视频还是光纤，所有软质内镜都具有类似的功能。正确的内镜操作、故障排除和内镜的维护是在了解内镜内部工作原理的情况下完成的。由于制造商的不同会有细微差别，但就我们的目的而言，我们将讨论四向胃内镜。

软质内镜的基本部分（图1.3）包括光导连接器或终端、通用或中央绳、控制部分、操作管道、插入管、弯曲部分和远端头。每个部分都有精细的内部结构。

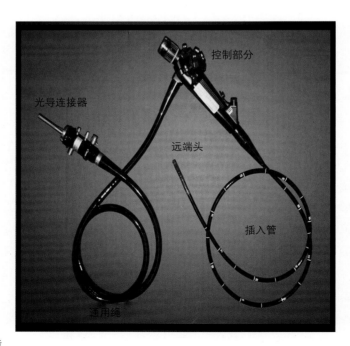

图1.3 基础软质内镜

表1.1　软质内镜及其用途的示例

用途	2.5mm × 55cm/ 双向偏转	3.8mm × 55cm/ 双向偏转	5.0mm × 55cm/ 双向偏转	5.3mm × 100cm/ 四向偏转/ 空气/水	(7.9 ~ 8.3) mm × (100 ~ 140) cm/ 四向偏转/ 空气/水	11mm × 240cm/ 四向偏转/ 空气/水
膀胱内镜检查/雄性犬	×					
支气管内镜检查/小型犬和猫	×	×	×			
支气管内镜检查/大型品种				×		
鼻咽内镜检查			×	×	×	
食管内镜检查/胃内镜检查				×	×	×
十二指肠内镜检查				×	×	×
结肠内镜检查					×	×

光导连接器

光导连接器包括光导、空气管、用于视频系统的电子触点、水瓶连接、吸引口和压力补偿阀。光导连接器插入到外部光源。

中央绳

中央绳将光导连接器连接到控制部分。它包含非相干光纤束、空气管道、水管道和吸气通道。

控制部分

控制部分包含角度控制旋钮、空气/水和吸气阀、操作管道端口和带有纤维镜聚焦结构的目镜，如图1.4所示。角度旋钮，一个用于上下，另一个用于左右，控制弯曲部分的偏转。

多根细线从旋钮一直到插入管远端部的钢网。当线工作时，远端头发生偏转。左手拇指和右手用于控制偏转旋钮。许多内镜具有锁定装置可以锁定相关联的旋钮，允许内镜兽医在释放右手的同时保持理想的偏转程度。未解锁操作会拉扯控制线，导致控制线断裂而造成昂贵的维修费用。

左手第一指和第二指分别操纵吸引阀和空气/水阀。轻轻地盖住空气/水阀的顶部将空气引入患病动物体内。这使空气通过插入管到达远端头，空气来自安装在光导管上的空气/水瓶。气体因此充入体腔内，有助于体腔的观察。水用来冲洗镜头上的残骸碎片——完全压下空气/水将使空气/水瓶里的水压到远端头。空气/水系统有两个独立的管道，分别连接到空气/水阀。根据制造商不同，有时是两者在插入管内组合成一根共用管道到达远端头。排除空气/水系统故障时，请参阅手册中的原理图。

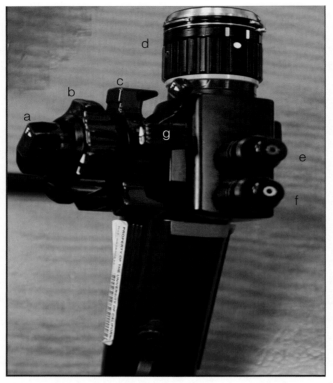

图1.4　控制手柄：a，锁定设备；b，控制远尖端左右移动的旋钮；c，控制远端头上下运动的旋钮；d，目镜；e，吸引阀；f，空气/水阀；g，锁定设备

操作管道

操作管道支持吸引和使用器械的功能。光导管上的吸引连接器处有一根管子，通过中央绳连接手柄上的吸引阀。管子从那里通到远端头。插入管是吸引和活检的共用操作管道。当压下吸引阀时，阀杆上的管道孔进入管道，让外部吸力从体腔中吸取液体和空气。

软质器械从器械管道口插入操作管道。最常用活检和取物钳，但也可以使用激光纤维。

插入管

插入管是内镜的工作端。它由中空管组成，中空管则是由钢卷、纤维网和硫化橡胶制成的。外层标有米制测量尺。插入管为精密的内部组件提供保护，同时保持在体腔内操纵所需的灵活性，如图1.5A所示。管内有偏转线、空气/水管道、操作管道、非相干束以及相干束或微芯片连接线，如图1.5B所示。应谨慎操作插入端头。过度扭转会损害光纤束，可导致照明或可视化效果下降，这会导致照明或视野的减少。插入管的长度和外径将根据内镜的功能而变化。

弯曲部分

这是端头偏转发生的地方。偏转线（如图1.5C所示）连接到控制旋钮，并扮演远端头的滑轮系统。每根偏转线操作一个方向——向上、向下、向左和向右。偏转程度应当监测。随着时间的推移，偏转线开始伸展并且可能断裂，这可能使内镜在诊断检查时无法正常工作。

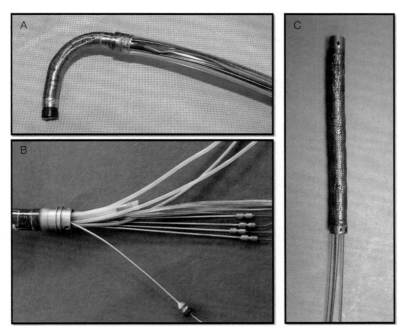

图1.5　A. 透明护套管显示内部组件的操作。B. 插入管的内部部件包括偏转线×4、光纤束、空气/水管道和活检/器械管道。C. 弯曲部分：软质钢网支撑着从控制旋钮到弯曲部分的线

远端头

插入管的末端是远端头，是光导、操作管道和空气/水管喷嘴的终端。物镜安装在远端头以保护光纤束或视频芯片，如图1.6所示。

辅助设备

器械

有各种各样的器械可供选择。器械直径需要略小于活检管道直径。例如，带2mm管道的内镜需要1.8mm外径的器械。比活检管道大的钳子会导致管道断裂或撕裂，可导致进一步的内部损坏和昂贵的维修费用。钳子还应至少比活检管道长10cm，以使助手能舒适地取得活检诊断样本。活检器械为软质钳子，其穿过硬质或软质内镜的操作管道，有尖的、杯状的、椭圆形、有孔的、锯齿状或光滑的不同样子。钳口在内镜外部打开，然后在黏膜上闭合以取得活检样本。移除镊子并取回样本。

　　细胞学刷和防护微生物刷用于获得黏膜细胞学/培养样本。放置刷子以取回样品，然后拉回到套管中以保护样本免受污染。

　　异物取回钳用于取回诸如骨头、玩具或任何其他异物的物品。套形、篮形、鼠牙形和双叉形为一些样例（如图1.7所示）。第4章概述了它们的用法，在后面的章节中，我们还会回顾术中所必需的一些额外设备。

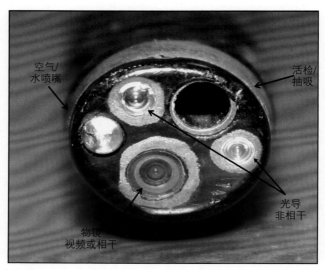

图1.6　远端头。光导包含非相干光纤、物镜容纳相干光纤或视频芯片

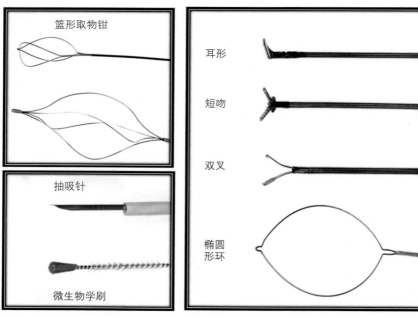

图1.7　用于取出异物和细胞学取样的器械

内镜部件

光源

强大的光源对黏膜的照射至关重要。为患病动物档案获取的视频影像的质量取决于产生的光的质量。光源包括150W卤素灯和300W氙气灯，也可使用LED光源。建议视频内镜使用氙气灯。氙气灯可产生更多光线，从而产生更好的照明。其产生的是"白光"，光线质量更接近自然光，可以获得更真实的组织颜色。卤素灯光强度是手动控制的。氙气灯泡可以手动或由视频处理器自动控制，并持续调节照明和颜色。大多数光源都有光导适配器，以补充不同制造商生产的范围。对于不需要空气/水功能的小型纤维内镜，可以使用便携式电池供电的LED光源。这种电源连接到导光柱，无需大型部件。第9章有更多关于腹腔内镜检查的光源信息。

吸引

在抽吸体腔中的空气和液体时，便携式或内置吸引设备是必需的。吸引管连接在软质内镜的末端或硬质可视内镜的护套上。

在吸引之前，务必确保活检帽已关闭。请注意，吸引阀中的孔洞不大于一粒米，因此吸引大颗粒时要小心，可能堵塞内镜。

显示器

显示器用于查看操作过程。连接在摄像机或视频处理器上的电缆传输影像。高清（HD）显示器提供清晰、精密的影像。具有全高清（1920mm×1080mm）分辨率的医疗级显示器可提供真实色彩、亮度和分辨率的影像。显示器应包含各种视频输入端口，如15针VGA计算机输入，双向BNC复合视频，Y/C以及720、1080I和1080P的HDMI视频格式。如果需要，它还应包括各种视频输出端口，用于加配影像捕获设备。它们有各种尺寸，从19～55in*。有些型号还提供无线功能。

可以将显示器设置为"实时传递"，只显示影像，或者通过连接键盘对显示器进行编程以整合患病动物信息。当捕获影像时，这些患病动物信息也会同时捕获。还可以添加影像位置等注释。

影像捕获

视物病历中或保存捕获影像的控制按钮，或可使用脚踏板由内镜兽医控制。有些视频处理器包含SD卡。其他一些影像捕获系统可连接到相机附件口或视频处理器。影像捕获设备可记录操作过程。影像和视频剪辑可以通过计算机操作转移到患病动物病历中或保存到另外的存储设备中。

内镜检查台

内镜检查台上有进行内镜检查手术所必需的设备。包括显示器、视频处理器、摄像机，用于腹腔内镜检查的充气设备和影像捕获设备。检查台可以是固定的，也可以是移动的。完整的内镜检查工作

---

*in为非法定计量单位，1in=2.54cm。

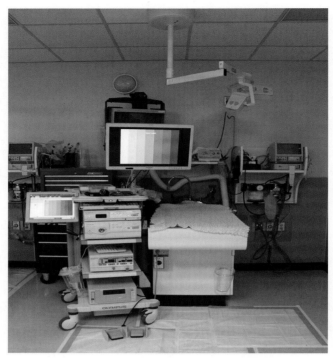

图1.8　带内镜检查台的工作站

站如图1.8所示，将在第11章进一步讨论。

　　连接显示器、视频处理器等设备的电缆较多，难以排除故障，尤其是在即将进行检查手术但影像又丢失的情况下。在电缆两端（输入端口）和部件上贴上标签有助于快速查明哪根应连接的电缆松动了。如果移动车是在粗糙或不稳定表面上移动的话，应定期检查连接在移动车部件上的电缆。

　　内镜检查手术侵入性较小，减少了住院及康复时间，并且可用于外科和内科手术室。多个内镜可与一个系统一起使用，而实现更大的功能性。例如，电池供电的光源和无线接收系统等新设备，能将内镜检查手术转移到兽医院外进行。具有高清（HD）技术的内镜近年来已经被引入兽医环境中。内镜检查在兽医学中持续发挥着至关重要的作用。

推荐阅读

[1]　McCarthy, T.C. (2005) *Veterinary Endoscopy for the Small Animal Practitioner*. Elsevier Saunders, StLouis, MO.

[2]　Riel, D.L. (2012) Care and maintenance of endoscopic equipment. Presented at the Spring Veterinary Symposium 2012.

推荐网站

Endoscopy Support Services: http://www.endoscopy.com.

Karl Storz: http://www.karlstorz.com.

Stryker: http://www.stryker.com.

第2章 内镜保养和清洁

Valerie Walker

内镜对于任何兽医操作来说都是一项昂贵的投资。由于软质和硬质内镜的内部零件易碎，所有使用和用后处理设备的技术人员必须了解每个内镜的基本功能以及知道如何正确地进行保养。了解内镜的工作部件和设计原理对于正确清洁和消毒、故障排除以及延长内镜的使用寿命至关重要。

为了防止软质内镜手术引起的感染并发症，了解正确的清洁方案至关重要。感染可来自内源性和外源性微生物。内镜手术能将胃肠道或呼吸道的微生物导入血流或身体的其他无菌部位。由于受污染的内镜或辅助设备、受污染的工作表面以及不正确的清洁和消毒方法，外源性感染可在患病动物之间传播。

感染控制专业人员学会（APIC）制定了针对内镜清洁和高级消毒的指南，这些指南得到了美国胃肠内镜学会和胃肠病学护士学会（SGNA）的认可。

各部件完整清洁方案

每个内镜都是独一无二的，必须遵循制造商的指南进行保养、清洁和消毒。

应使用无磨损性、低泡沫的酶清洁剂清洁内镜和配件，然后使用对内镜橡胶和金属部件无损害的高效消毒剂（HLD）进行消毒。酶清洁剂的使用是内镜清洁方案中重要的初始步骤，因为它可以分解管道内残留的血液和组织中的蛋白质。如果不使用酶清洁剂，内镜操作过程中残留的碎片接触到高效消毒剂可变成岩石般坚硬并堵塞管道。使用酶清洁剂时稀释浓度和水温变化会改变其效果，因此有必要遵循制造商的指南。

高效消毒剂是一种化学杀菌剂，能够破坏所有病毒、繁殖体、真菌、分枝杆菌以及部分细菌芽孢。高效消毒剂用于确保消灭管道内部以及内镜外部的微生物。

使用的高效消毒剂类型及用后处理类型可参照制造商的建议（内镜自动或手动用后处理器）而确定。内镜自动用后处理器减少了人员接触化学高效消毒剂的风险，并提供标准化的清洁程序。

某些高效消毒剂产品可能会对内镜造成功能和外观损害。各家内镜制造商对何种高效消毒剂适配他们的内镜有不同建议，因此请在使用前检查确认。含有30d表面活性剂的溶液高效消毒剂保质期更长，但在冲洗时会留下难以去除的肥皂残留物，应避免使用。

目前市场上可获得的高效消毒剂的类型包括2.4%的戊二醛，0.55%的邻苯二甲醛（OPA），2%和7.5%的过氧化氢以及0.23%的过氧乙酸。在使用酶清洁剂和高效消毒剂时，应穿戴个人防护服，如手套和护目镜。

高效消毒剂激活后，每种产品的有效期都会有所不同。可以买如图2.1所示的试纸条，且应每天使用并记录情况。即使未到过期日，只要试纸条有所指示，就应更换高效消毒剂。

表2.1列出了在内镜手术进行之前、期间和之后可能出现的一些常见问题，以及可采用的解决方案。如果遇到任何困难，可以参考该表。

清洁方案

每次手术后应立即清洁内镜。按照桌边标明的操作步骤重新测试吸引、充气和冲水等能力。如果可以的话，应使用空气/水清洁阀（参见图2.2中的示例）冲洗空气/水管道，或者使用空气/水阀冲入大量的清水，然后用空气冲洗管道中的任何碎屑。通过吸引/活检管道吸出水或酶溶液。在吸引的同时使端头交替进出水将有助于使管道内的碎屑松动。应继续吸引，直到吸引软管接头中出现清澈的水流。在拆卸内镜之前，最好关闭所有部件。将内镜安全放置在工作站上并擦拭插入管以清除碎屑。按照制造商的规定，将所有安全盖放在电子端口上。

此时，应将内镜移至有水槽的指定清洁点。使用酶清洁溶液和纱布垫浸泡并擦拭内镜的外部，密切注意凸起部分和控制旋钮。软毛牙刷有助于清除裂缝中的碎屑，轻轻刷洗远端头。

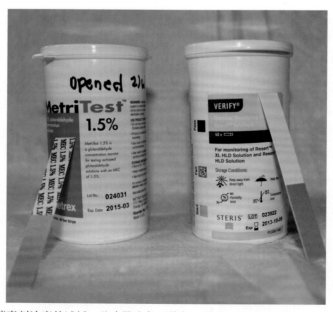

图2.1　两种检查高效消毒剂浓度的试纸。此步骤应每天执行，并且无论是否过期，当试纸条指示时应更换高效消毒剂

表2.1 故障排除

问题	可能原因	解决办法
没有影像传输到显示器	选择适当的输入频道	选择正确的输入频道
	所有连接部件是否均已打开	确保显示器输入和输出的所有部件打开
	正确连接视频输入和输出线	确保所有接头都已安全连接
影像不在显示器中央	摄像机接头	重连摄像机并对准位置
模糊的影像	目镜或相机适配器脏	用湿润的酒精棉擦拭
	物镜脏	水冲洗镜头
	失焦	使用内镜上屈光度来聚焦或调摄像机焦距
	颜色失真	白平衡
朦胧的影像/影像污点	内部零件进水损坏	送制造商进行维修
	物镜损坏	
	硬质可视内镜	
	玻璃棒/镜头系统损坏	
影像对比太强烈	光源设置	调整光源的亮度
	太靠近黏膜	后退内镜恢复腔内视野
影像太暗	导光板或终端在光源中插入状态	重新稳固插入终端
	光源设置	调整光源的亮度
	非相干光纤束破损	送制造商进行维修——扭结或紧密裹扎内镜会损坏光纤束
	卤素灯或氙气灯泡	确保光源已点亮或更换灯泡
无图/黑点	电源问题	送制造商进行维修
	相干光纤束破损	当水和其他流体进入软质纤维束的干燥部分时,扭结或紧密裹扎内镜会损坏光纤束或发生液体侵入,光纤束变脆易碎,送制造商进行维修
没有空气	空气/水泵	确保元件已开启
	光导或终端在光源中插入状态	重新稳固插入终端
	过满的水瓶	去除过满的水
	水瓶中的O形密封圈	检查水瓶盖中的O形密封圈或更换水瓶
	空气/水阀门皱褶或O形密封圈	检查阀门并更换或改换阀门
		检查并清洁阀门,根据制造商的建议进行润滑
	空气/水阀脏	检查和清洁
	空气/水喷嘴出口	刷洗前将端头浸泡在酶溶液中可帮助软化碎屑
		切勿尝试用尖锐物体清除碎屑
		使用反向吸力去除碎屑栓塞
	空气管道堵塞	送制造商进行维修
水不足	空气/水泵	确保元件已开启
	光导或终端在光源中插入状态	重新稳固插入终端
	水瓶过满	去除过满的水
	水瓶中的O形密封圈	检查水瓶盖中的O形密封圈,更换或改换水瓶
	空气/水阀门褶皱或O形密封圈	检查阀门并更换或改换
	空气/水阀脏	检查并清洁阀门,根据制造商的建议进行润滑
	水管道堵塞	使用反向抽吸技术去除堵塞(框2.1)
		送制造商进行维修

续表

问题	可能原因	解决办法
吸力不足	活检端口盖	确保盖子处于关闭位置
	辅助抽吸单元	打开电源，检查吸引线是否正确连接
	吸引阀脏	检查并清洁阀门
	管道阻塞	**如在使用中，从患病动物身上移除**
		按下吸引阀同时将远端头交替在水中进出以去除阻塞
		用水从活检端口冲洗到远端头
		从光源上取下，按下吸引阀并从吸引适配器冲到远端头冲水
		用冲洗管道和清洁刷刷洗吸引/操作管道
		使用反向吸引技术去除
		如果无法清除堵塞，请送制造商进行维修
端头不偏转	偏转旋钮处于锁定位置	解除锁定
	偏转线折断或拉紧	送制造商进行维修，过度扭转内镜的弯曲部分可能导致偏转问题，液体侵入也会损坏偏转系统
端头反向偏转	操作技术的正确性	用左手握住控制部分让插入管悬挂或撑直测试上/下和左/右偏转
传递活检钳的问题	器械损坏–线断裂、线圈弯曲、钳口打不开	在使用前测试器械的功能，戴手套或用棉球擦拭附件表面上的所有毛刺和突出部分
		切勿插入故障器械
	内镜处于过度弯曲或"J"形状态	将内镜复位到中性位置，送入钳子，重新定位内镜

注：每个内镜都有独特的功能，应参考和遵循用户手册中的指南。如果有任何问题，请咨询制造商。

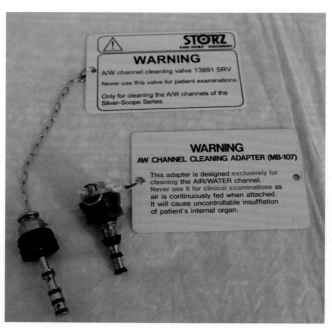

图2.2　Olympus和Storz空气/水管道清洁适配器。在手术完成后用于替代空气/水阀，用于冲水，然后冲洗空气，以清洁所有管道

框2.1　疏通空气/水管道——反向冲洗

确定在空气/水通道中存在堵塞。目标是清除空气/水管道中堵塞的碎屑。将酶清洁溶液从较小的远端头吸引至较大直径的水瓶连接口，从而更有可能将堵塞物从管道清除

- 需要物品
  - 带有连接管的吸引单元
  - 水槽中倒入一瓶酶清洁溶液
  - 安装好的空气/水阀
  - 封闭式管道
  - 活检端口盖已连接并关闭
- 操作过程
  - 远端头放入酶溶液
  - 密封/闭合管在终端空气管上方
  - 吸引单元紧密地插入水瓶连接口
  - 打开吸引单元
  - 压下空气/水阀
  - 注意吸引管中的液体
  - 清除残渣后，吸入的液体量应增加
  - 持续1~2min
  - 从吸引单元上拆下
  - 将内镜插入处理器；装上水瓶并打开部件充气
  - 压下空气/水阀
    - 观察远端头的气流
    - 如果弱/无气流，可能需要重复
  - 其他选择
    - 将远端吸头浸泡在温热酶溶液中5~10min，然后反向冲洗
    - 将过氧化氢吸进管道；静置5min，然后反向冲洗
- 如果多次反向冲洗但管道仍堵塞，请将内镜送到授权维修中心

泄漏测试

　　泄漏测试应在每次手术后，浸泡内镜之前进行，以防止液体侵入并确保内镜的完整性，这也将消除潜在的交叉污染。泄漏测试可以使用自动恒定空气注入器或手持式灯泡和测量装置完成。将泄漏测试仪连接到通气连接器，把远端头和弯曲部分一起放到一碗酶清洁剂中，如图2.3中所示。

　　打开泄漏测试仪并注意气泡。在水下偏转远端头更容易找到较小泄漏点。如果检测到连续的气泡流，或者看到压力持续下降，请停止清洁过程并致电制造商。有时需要将内镜全部浸入水中以确定泄漏源自何处（不要浸入泄漏测试仪）。框2.2给出了清洁指南。

　　如果检测到泄漏并且必须进行维修时，维修中心可能会要求您继续进行剩余清洁过程以避免交叉污染。可以在自动泄漏测试仪的恒定压力下继续清洁。有关详细说明请联系维修技术人员。继续清洁可能会对内镜内部造成更大的损坏，并可能导致更高昂的维修费用。

图2.3   使用手持式泄漏测试仪对视频内镜进行泄漏测试。将弯曲部分浸入，观察A型橡胶处或远端头处是否有气泡，有气泡就是有水浸入的标志。框2.2提供完整指南

刷洗和冲洗（图2.4～图2.7）

如果未检测到泄漏，继续清洁过程。用酶清洁剂冲洗活检管道，并用适当大小的清洁刷刷洗所有可触及的管道。在刷子离开内镜时需清洁刷子，以避免二次污染管道。购买内镜时，应配备水瓶、管道刷和适当的清洁适配器。可使用两端带刷毛的刷子，也可购买一次性刷子。确保刷子尺寸合适且质量良好，这样可以确保管道的所有表面都能与刷子接触。请注意，一些内镜可能带有不同尺寸的刷子——吸引管道刷子的直径可能大于活检管道刷子的直径。从吸引阀的吸引/器械管道刷进，从远端头刷出（刷子可能需要稍微倾斜），然后从吸引阀通过中央管到吸引连接器。最后，使用一个短一点的刷子清洁活检端口的全部外部构造。

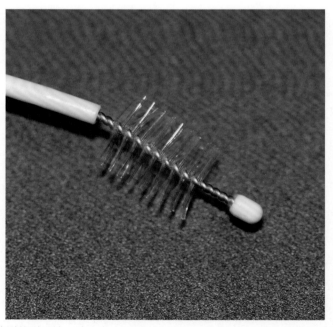

图2.4   一次性管道清洁刷的刷毛端。请注意，钝圆形的端头和完整的刷毛使它能够接触管道的所有区域。插入内镜之前应检查刷子

框2.2　内镜清洁指南

- 在手术后立即进行预清洁以去除粗碎屑
  - 用清水擦拭插入管
  - 从吸引管道吸入水然后吸入空气，直到吸入的水变清澈
  - 连接空气/水管道清洁阀（如果有）
  - 先用水冲洗管道，然后冲入空气
  - 对于包含升运器管道或辅助水管道的内镜，先用水冲洗，然后用空气冲
  - 断开元件
  - 放置防水帽保护电极（视频内镜）
  - 将内镜移至用后处理室
- 泄漏测试
  - 检查泄漏测试仪
  - 将泄漏测试仪连接到通风连接器
  - 将远端头和弯曲部分一起放入酶清洁剂碗中
  - 打开泄漏测试仪并观察气泡2min
    - 弯曲部分的A型橡胶略微扩大；这个是正常的
    - 如果弯曲部分存在泄漏，则将远端头在水下偏转更易发现较小泄漏点
    - 来自活检管道的泄漏将表现为从远端头传出气泡
    - 有时需要将内镜全浸没来确定泄漏源自何处
    - 如果检测到连续的气泡流，或者看到压力持续下降，请停止清洁过程并致电制造商或维修中心
    - 如果检测到泄漏并且必须进行维修，维修中心可能会要求您继续清洁过程以避免交叉污染
    - 如果没有看到气泡或压力下降，停止按压（手持）并分离连接内镜持续30s，确保所有空气都被清除
- 手动清洁
  - 拆下所有阀门和活检端口盖
  - 使用推荐的酶清洁剂溶液
  - 如果使用内镜水槽，请浸入内镜
  - 彻底擦拭所有外表面。如果可以的话，使用软刷清洁控制旋钮的脊线和升运器管道的开口。清洁远端头并清除空气/水喷嘴中的任何碎屑
  - 将清洁刷插入活检管道，直至其从远端头露出。在插入过程中用刷子清洁并重复3次。如果仍然存在明显碎屑，请重复直至刷子干净为止
  - 将清洁刷插入吸引阀端口。从阀口朝向光导连接器刷，直到刷子从吸引适配器端口出来。重复直到干净
  - 将刷子从吸入阀端口朝插入管插入，直至活检端口。重复直至干净
  - 将管道开口清洁刷插入吸引阀端口和活检端口。将刷子插入空气/水阀口时必须小心。碎片可能被推入管道而可能发生阻塞，导致需要维修
  - 使用干净的酶溶液，连接推荐的吸引清洁适配器并通过所有管道抽吸清洁溶液。观察来自所有管道的液体流动，包括远端头的空气/水管道。如果空气/水管道堵塞或没有观察到稳定的水流，参见框2.1
  - 用清水重复此过程冲洗，然后用空气冲，直到从内镜中除去液体。这可以防止高效消毒剂被稀释或污染
  - 检查并清洁所有阀门和活检端口
- 高效消毒剂
  - 使用试纸条或经批准的产品，以确保使用的是该产品的最低建议浓度
  - 如果使用内镜自动用后处理（AER）单元，连接恰当后，按照指示启动单元
  - 如果使用大型水池或水盆，请将吸引清洁适配器放在适当位置，以将消毒产品吸入管道
  - 需要与内镜接触的持续时间会有所不同，阅读有关时间和温度变化的标签说明
  - 用水和空气冲洗内镜。内镜自动用后处理单元将执行此操作
  - 用70%异丙醇冲洗，以辅助干燥过程
  - 将内镜垂直悬挂至干燥
  - 将阀门放在干净的台面上风干

在插入过程中冲洗刷子，并重复3次或更多，直到刷子清洁干净。连接所有管道冲洗管至适当的管道，并用大量的酶溶液冲洗。

空气/水管道和远端头的喷嘴（参见图1.6）太小，无法容纳清洁刷，并且很容易被碎屑堵塞。如果空气/水管道受损，请参见框2.1获取指导。

用水冲洗并用空气冲刷管道以去除多余的液体，避免稀释高效消毒剂溶液（请参见图2.8）。浸入高效消毒剂之前必须彻底清洁内镜。

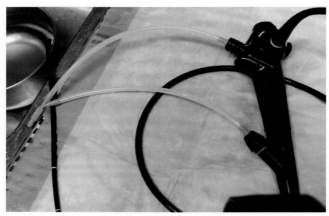

图2.5　用于视频支气管内镜的清洁/消毒的适配管——连接到吸引口和活检端口，可使用酶溶液和高效消毒剂冲洗器械/活检管道

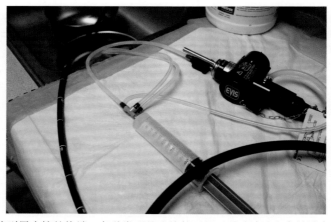

图2.6　清洁适配器连接到胃内镜的终端。各种类型的连接件可用于手动冲洗和高效消毒，包括一组成套的空气管道、水瓶塞、吸引端口管，以及带有注射器接头的管子。有关控制部分的适配器，请参见图2.7

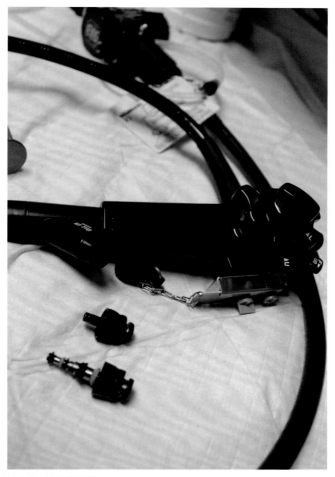

图2.7 视频胃内镜控制部分的清洁适配器

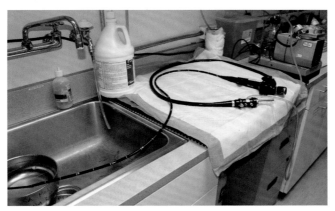

图2.8 反向冲洗胃内镜。指南参见框2.1

消毒

如图2.9中所示的模型，内镜自动用后处理器（AERs）可用于高效消毒。他们降低了人接触高效消毒剂的风险，可持续地进行化学剂冲洗管道，并且可控制浸泡时间。如图2.10所示，在通风良好的区域内可使用一个大型的浸泡桶。浸泡桶要能够容纳松散卷曲的内镜。由于光纤特性是脆弱易碎，所

图2.9　在自动用后处理器中准备处理的内镜。这类设备可以节省时间并降低高效消毒剂的接触。为了固定小的物体，例如阀门或刷子，可以使用网袋或塑料肥皂盒

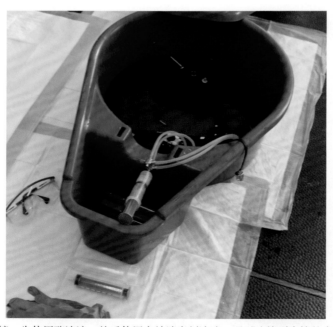

图2.10　浸泡箱内的内镜。先使用酶溶液，然后使用高效消毒剂溶液，通过连接到内镜的全管道冲洗管上的注射器抽吸物

以内镜禁忌盘绕小于12in。将内镜浸入高效消毒剂中，例如2.4％的戊二醛碱性溶液。使用全管道灌洗系统将溶液冲出所有端口。为确保高效消毒能够实现，在20℃（室温）下至少需要浸泡20min。

用大量清水彻底冲洗内镜以去除所有管道中的高效消毒剂溶液。先用70％的酒精冲洗，然后用空气，如果有条件，使用加压空气以辅助干燥。内镜应垂直悬挂，所有端口均打开，以促进干燥并防止微生物滋生。

阀门应使用相同的酶溶液清洗，使用软刷和管道清洁剂清洁阀杆上的小孔。按下吸引阀以露出孔，如图2.11所示。阀门应该随着内镜一起在相同的高效消毒剂中浸泡适当时长。在清洁过程中，应检查O形密封圈是否有裂痕。也建议对可重复使用的清洁刷和任何其他辅助设备（塞嘴、牙科内镜等）进行高效消毒。

盘卷起来的异物取出线或活检钳应浸入酶溶液中，使用后擦净。应在工作完成后用小刷子温柔清除所有碎屑。然后建议使用酶溶液进行超声清洗30～45min，然后用水清洗。钳子应整夜悬挂干燥，然后打包进行蒸汽灭菌。

图2.11　吸引阀和空气/水阀的示例。必须按下吸引阀以露出孔进行彻底清洁。还应检查O形橡胶密封圈是否有裂痕

手术前后的内镜处理

由于软质和硬质内镜内部部件精密，所有相关人员必须对每个内镜的功能以及如何正确处理和保养要有基本的了解。

在术前和术后例行检查内镜部件有助于降低维修成本，确保设备得到良好维护以保证患病动物的安全，并延长内镜的使用寿命。

进行手术前，检查外部是否有任何异常，例如凹痕、明显的刺孔或远端头的镜头碎裂。将内镜连接到适当的系统，并将水瓶和吸引管连接到终端的适当端口。按下空气/水阀门，以确保有强烈的喷射水流冲洗远端头的镜头。将远端头放到一碗水中，并轻轻盖住空气/水阀顶部的孔。观察来自远端头的大量气泡。当远端头还在浸没时测试吸引阀是否有足够的液体吸上来。如果内镜未产生足够的气泡和/或没有强烈的水气，则可能有小块碎屑堵塞管道。在进行内镜检查手术之前必须先解决此问题。有关故障排除的信息，请参见框2.1中的解除管道阻塞指南。

检查各个方向的远端头偏转角度。随着时间推移，偏转线会发生拉扯或拉断，导致高昂维修费用。在每次手术前应对内镜进行白平衡检查，如图2.12所示。这个操作可平衡内镜和处理器之间的白色，从而获得真实色彩的影像和图片。如果这些基本的功能都不起作用，请在使用内镜之前参考表2.1或制造商手册中的故障排除提示。请勿在内镜出现故障的情况下进行手术。

手术后的任务应包括重新测试吸引空气/水的能力。术后检查将有助于评估是否或者何时发生了问题，查明故障，并在清洁之前去除内镜上的粗碎屑。如果内镜放置时间过长，可能会导致空气/水管道堵塞。完整的清单请参见框2.1。

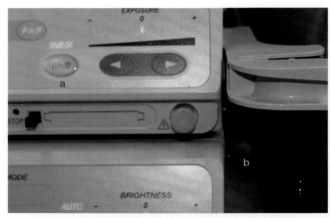

图2.12 白平衡。可以使用某些部件比如白平衡杯（b）或任何白色表面。将远端头放入杯中，然后按下视频处理器或摄像机盒上的按钮（a）

清洁辅助设备

必须确保内镜和辅助设备的完整性。使用和维护内镜检查设备的每个人都应遵循相同的准则进行正确处理。

在内镜的传输和操作过程中，应始终控制远端头和光导。远端头掉落在坚硬的表面上会损坏物镜或光纤束，或会使空气/水喷嘴弯曲。

扭结或过度扭转中央绳或插入管可能会导致光纤束的损坏，降低光通过非相干束的传输，或降低影像通过相干束至目镜的传输，这也可能损害操作管道的完整性。器械的通行会变得困难，并且管道中可能会出现小裂缝。如果内部漏水，会导致昂贵的维修费用。

请勿在内镜附近使用尖锐物体，例如牙科探针或针头。小刺孔可能会导致内部漏水。手术过程中应始终将口腔反射镜妥当放在原位置，以防止损坏内镜。

应始终在插入之前检查辅助器械（例如活检钳或异物取出钳）的功能是否正常。如果难以插入器械且内镜处于屈曲位，请拉直内镜然后重试。切勿强行将任何器械通过操作管道。

应评估摄像机接头和视频处理器适配器电缆是否损坏。这些接头中使用的电子插头和针应无碎屑和氧化，并保持干燥。储存时请正确卷绕电源线，在手术过程中或术后注意椅子、设备和人员流动压到电线，以免损坏内部电线。

应当检查用于硬质和小直径软质内镜的光缆是否有小刺孔和漏光。如果发现有泄漏，在浸泡或灭菌时会发生漏水，光纤束会变得硬而脆，从而降低电缆的光传输能力。过度弯曲或直接撞击也可能降低光传输。正确存放和纠正灭菌袋尺寸非常重要。

光源装有卤素或氙气灯泡。重要的是要熟悉灯泡的结构，才能在发生故障时快速更换灯泡。大多数视频处理器会切换到设备内部的备用卤素灯泡。由于氙气灯泡昂贵且保质期有限，所以在手边备有卤素灯泡更为经济。这样可以在疝气灯泡损坏时继续执行内镜检查手术，并允许隔夜运送新的氙气灯泡。

良好保养的设备将减少损坏的频率并降低维修成本，对患病动物来说也更为安全。阅读内镜指定设备手册很重要。该手册将详细说明如何排除故障，如何清洁内镜以及哪些清洁产品和高效消毒剂产品是安全且允许使用的。

内镜的储存

内镜应垂直安全地存放，理想情况下应远离人来人往的区域。内镜存放到盒子中会成为细菌生长库，尤其在未彻底干燥的情况下（由于其脆弱易碎的性质，超薄膀胱镜是一种例外，因此在存放前彻底干燥是必不可少的）。阀门和电极盖可以保持分离，以确保完成干燥过程。内镜存放建议可在第11章中找到。

如果需要将内镜送修，则应保留内镜盒。大多数内镜在环氧乙烷灭菌或运输时都会带有压力补偿盖。该盖可平衡内镜内的压力，并与检漏仪连接在同一端口。大多数飞机都装有加压的行李舱，并且可能不需要环氧乙烷盖（ETO），这需要与快递公司核对。确保内镜完全放置于盒内，因为关闭盒子时，插入管很容易被压坏。大多数维修中心都需要内镜附带维修表格。这些表格通常可以在维修中心的网站上找到。

内镜文档

一份包含诸如手术、内镜兽医和助手使用过的器械、手术简化、手术中的问题和装备、术前检查/术后检查以及清洗/高效消毒剂等信息的日志将有助于查明什么时间发生什么事情，反复排除故障的维修问题，以及帮助其他使用者来学习如何正确使用该设备。尤其是在多项服务范围之间共享设备时，这样做就会特别有用。

总结

　　操作内镜的人数会影响其使用寿命。操作内镜的工作人员数量越多，意味着维修越频繁。拥有专门的用后处理人员的内镜检查设备，其维修次数少于那些由很多人员负责用后处理的设备。遵循内镜制造商的指南和建议，按照适当的清洁方案，掌握复杂的工作部件的知识和正确的操作技能以及拥有故障排除的能力，将减少维修成本并延长内镜的使用寿命。

推荐阅读

[1]　Day, M.E. (Chair) (2012) *Standards of Infection Control in Reprocessing of Flexible GastrointestinalEndoscopes.* SGNA Practice Committee, Chicago, IL, revised 2012.

[2]　Radlinski, M.G. (ed.) (2009) Endoscopy. *Vet. Clin. North Am. Small Anim. Pract.,* **39(5)**, 817–992. Riel, D.L. (2012) Care and maintenance of endoscopic equipment. Presented at the Spring Veterinary Symposium 2012.

[3]　Rutala, W.A. and APIC Guidelines Committee (1996) APIC guideline for selection and use of disinfectants. *Am. J. Infect. Control,* **24(4)**, 313–342.

[4]　Tams, T.R. and Rawlings, C.A (eds) (2011) *Small Animal Endoscopy,* 3rd edn. Elsevier Mosby, St Louis, MO.

推荐网站

Endoscopy Support Services: http://www.endoscopy.com.
Karl Storz: http://www.karlstorz.com.
Stryker: http://www.stryker.com.

第3章　　患病动物内镜检查麻醉注意事项

Jody Nugent-Deal

兽医技术人员经常需要对患病动物麻醉从而进行诊断和内镜检查手术。除了在以下各章中讨论的内镜手术外，使用内镜设备进行的腹腔镜手术和单肺通气技术等微创手术在兽医学中也变得越来越普遍。为进行这些手术而对患病动物进行麻醉具有挑战性，因此需要熟练掌握基本技术，并在需要时使用更复杂的技术。本章旨在为（后续章节内镜检查中概述的）犬科动物和猫科动物提供优质的麻醉。

设计麻醉方案

尽管兽医技术人员在选择麻醉方案时并不是作出最终决定的人，但了解特定药物的作用机理以及为什么要为此患病动物选择该药物仍然很重要。在选择麻醉方案之前，应进行全面的体格检查和基础血液检查。基础血液检查可以只是简单地做红细胞比容（PCV）、总蛋白（TP）、血糖（BG）和尿路感染测试条（AZO），建议7岁以下健康患病动物都做以上检查。对于有基础疾病或7岁以上的患病动物，应评估其全血细胞计数（CBC）、生化套组和尿液分析（UA）。可以根据患病动物和主诉情况考虑其他诊断方法，如X线片、超声检查和特定的血液检查。

应专门定制每种麻醉方案以满足每个患病动物的需求。当前体格检查结果、血液检查和诊断测试结果、年龄、物种、疾病状态、既往的内科/外科病史以及任何先前的麻醉并发症都应考虑在内。麻醉师应考虑每个患病动物接受麻醉时可预期的问题。任何患病动物麻醉时的可预期问题包括体温过低、换气不足、低血压和心动过缓等。为什么对所有接受麻醉的患病动物都要考虑这些可预期的问题？因为这些是所用麻醉药可能引起的潜在不良反应。体温过低可能由血管扩张、体腔开放以及麻醉下缺乏温度调节引起。使用阿片类药物通常会引起心动过缓和换气不足。吸入麻醉药引起剂量依赖性血管舒张，从而导致低血压。麻醉师应意识到这些潜在的不良反应以及如何应对。

根据体格检查结果、诊断结果、疾病状态和所要执行的手术，麻醉患病动物可能会有其他潜在的可预期问题。其他可预期问题的例子包括但不限于：失血、贫血、心律失常、气道梗阻、高血压、低糖或高糖血症以及药物代谢缓慢。在制定最终的麻醉计划之前，应对每个患病动物进行评估。框3.1列出了手术时所需考虑的麻醉注意事项。

美国麻醉兽医学会（ASA）制定了状态分级系统（表3.1），应在每个患病动物使用麻醉药之前为其匹配一个状态等级。该系统可用于对患病动物的潜在风险进行分级。ASA状态分级较高的动物被认为具有较高的麻醉并发症风险。这些患病动物通常需要多参数监护以提高他们成功康复的概率。

术前给药和镇静的目标：术前给药为何如此重要？

为患病动物使用术前给药，可以使麻醉师和患病动物的放置导管和麻醉诱导的操作压力降低。对患病动物进行术前给药也可有利于处理和保定，从而来提高安全性。最后，许多术前给药不仅提供镇痛和镇静作用，而且有助于"平衡"或"多模"技术，从而减少诱导麻醉和维持麻醉所需的药物总量。

术前给药理想的特性应包括以下内容：

- 产生镇静和镇痛作用
- 对心血管系统的影响极小
- 对肝脏和肾脏的影响极小
- 呼吸抑制作用极小

框3.1   患病动物麻醉的整体注意事项

- 所有患病动物均应在诱导麻醉前放置静脉导管
- 不论麻醉所需多长时间，所有患病动物均应在手术过程中插管
- 通常通过降低吸入麻醉百分比、大量晶体或胶体液（安全时）和使用正向强心药（适时）来缓解这些患病动物的低血压
- 除非禁忌，否则一般液体疗法的剂量为5~10mL/（kg·h）
- 无论麻醉多长时间，都要有最低、最基本的麻醉监护（心率、呼吸次数和深度、毛细血管再充盈时间、黏膜颜色、脉搏强度、下颌紧张度、眼球位置、温度、血压、保温）
  ◦ 当需要时应使用高级监护——心电图、呼气末二氧化碳、血氧饱和度、动脉血气等
- 必要时应进行术后疼痛管理

经许可引用自 Seymour, C. and Duke-Novakovski, T. (eds), *BSAVA Manual of Canine and Feline Anaesthesia and Analgesia,* 2nd edn, 2007. © BSAVA.

表3.1   ASA体格状态分级系统

分级	定义
ASA体格状态1级	健康动物
ASA体格状态2级	轻度全身疾病患病动物
ASA体格状态3级	患有严重全身性疾病的患病动物
ASA体格状态4级	严重的全身性疾病，持续威胁生命的患病动物
ASA体格状态5级	濒死的患病动物，如果不进行手术，预计将无法生存

来源：改编自 the Physical Status Classification System of the American Society of Anes-thesiologists, Park Ridge, IL, USA; www.asahq.org.

- 药物可以逆转
- 价格便宜

不幸的是，没有一种药物具备以上所有特征。因此，我们必须选择联合用药以获得我们所需的理想效果。使用适当的药物联合时，通常可以降低总体剂量，且许多药物联合可产生相互协同作用。常见的联合用药包括 α 2-激动剂和阿片类药物联合或吩噻嗪类如乙酰丙嗪与阿片类药物联合（神经性镇痛药）。阿片类药物与咪达唑仑和/或乙酰丙嗪联合使用也是另一种常见的药物联合。

常见的给药途径包括静脉注射、肌内注射、皮下注射和口服。给药途径在很大程度上影响药物达到峰值效应的时间和药物的生物利用度。这将因药物而异，因此应在给药前查询处方。

监护设备

经验丰富的麻醉师是最好的监护设备之一！虽然监护血压和氧合状态很重要，但目视监护患病动物也同样重要。麻醉师应定时监测眼睑反射、捏脚趾头、下颌紧张度、心率和呼吸频率、呼吸深度、毛细血管再充盈时间和黏膜颜色。

在全身麻醉时监护患病动物的生命体征非常重要。根据患病动物ASA状态和所进行的手术确定监护的范围。至少应连续监测心率、呼吸频率、脉搏强度、黏膜颜色、毛细血管再充盈时间、体温和血压，并每5min记录一次数据至麻醉表。其他监护可包括心电图、二氧化碳描记图、脉搏血氧饱和度、动脉血气监护、直接动脉血压和中心静脉压监护。重要的是要记住，无论年龄或疾病状况如何，麻醉药均可引起患病动物的呼吸和心血管功能受到抑制，因此进行麻醉监护是必须的。

目前市场上有多种多参数麻醉监护仪，如图3.1所示。多参数监护仪通常在一台机器中集成了所有或大多数常用监护设备。虽然这类仪器常常使麻醉监护更加方便，但是如果有可满足患病动物各方面需求的单项设备，那么这种多参数监护仪就不是必需的。

血压监护

任何接受全身麻醉的患病动物均应监护血压。在麻醉期间维持正常血压很重要。正常血压有助于确保主要器官有足够的组织灌注。低血压不治疗会导致器官损伤或衰竭，严重的休克甚至死亡。可以使用直接（侵入式，有创）或间接（非侵入式，无创）方法获得血压。非侵入性（无创）血压监护（NIBP）是最常用的方法，可以使用示波法或多普勒法完成。

多普勒法是通过将超声探头放在动脉上来工作的。正确放置后，应该可以听到心脏的"嗖嗖"声。然后将血压袖带放置在探头近端，如图3.2所示。用血压给袖带充气，直到听不到心脏的声音为止。然后将袖带缓慢放气直至心音恢复。

出现第一个心音时被认为是患病动物的收缩压。这是在猫和犬中获得收缩压的简单而准确的方法。这种方法也适用于较小或粗短腿的患病动物。多普勒探头放置的常用部位包括掌骨、跖骨和尾骨动脉。理想情况下，应选择没有毛发的区域。在皮肤和探头之间涂上超声凝胶即可听到心脏的声音。

示波法是使用一台机器（Cardell®，petMAP®，Dinamap®）来计算心率以及收缩、舒张压和平均

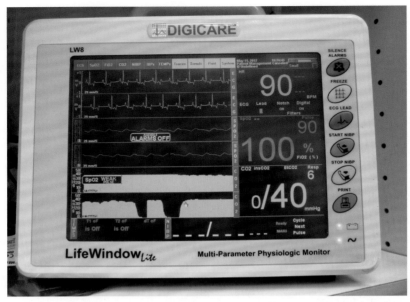

图3.1   多参数监护仪让麻醉师通过一台流线型的机器监护多个生命体征。基础监护包括血氧饱和度、呼气末二氧化碳、无创血压、心电图、心率、呼吸频率和温度。更高级的模块常包括直接动脉血压、血气分析仪、潮气量、吸气峰压和中心静脉压

动脉血压。可以对机器进行编程，在特定的时间间隔检查血压。示波法可能会给出不准确的读数。常发生于患病动物如有心律失常、严重低血压或血管收缩或体重不足5kg时。

无论选择哪种间接方法，袖带大小很重要。在犬科患病动物中，袖带的宽度应超过肢体或尾巴周长的40%左右。对于猫科患病动物，袖带应超过30%～40%。

如图3.3所示，直接血压被认为是"黄金标准"技术。它是唯一可以提供连续实时监护的方法，并且是最准确的。直接血压监测需要专门的设备和高级培训，才能使动脉导管插入并保持通畅。建议对危重症或并发症风险上升的患病动物进行有创血压监测。在犬中，用于插管的动脉包括足背部、耳部、尾部、股部和掌部，其中足背部动脉是最常用的。猫科患病动物最常使用足背部和尾部动脉。无论是何物种，足背部动脉是术后最容易维护的部位。

低血压

无论如何监护血压，一旦出现低血压就应进行治疗。有多种方法可以治疗低血压。总的来说，如果可以的话第一步是降低挥发罐的浓度设定。如果这种方法不起作用，或者无法减少吸入麻醉剂量，则可以向患病动物注射10～20mL/kg的晶体液（确保患病动物安全）。晶液体不会长时间留在血管腔内，血压可能出现短暂性升高。

胶体液也是治疗低血压的一种选择。胶体液所含的高分子量物质在血管腔内的停留时间比晶体更长。胶体液通常以5mL/kg的剂量开始注射。如无其他治疗选择或失败，则可以采用正向强心药，并以恒定速率输注给药。

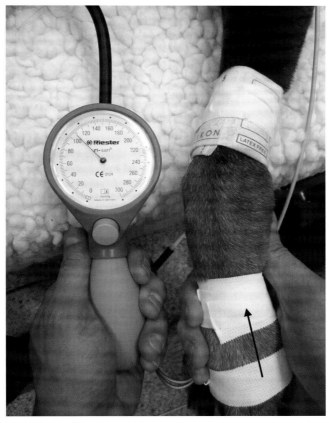

图3.2　使用多普勒探头和血压计或示波装置监护无创血压。多普勒探头仅能测出收缩压，但对于大多数患病动物，它比其他无创血压方法更准确。将多普勒探头放置在腕部大脚垫的动脉远端。箭头指示探头在腿上的大致位置（探头实际上位于掌侧）

二氧化碳描记图

　　二氧化碳描记图提供了一种无创方法来测量呼气末二氧化碳（$ETCO_2$）。二氧化碳浓度计是用数字显示呼气末二氧化碳。二氧化碳描记图是用图形显示呼气末二氧化碳，而二氧化碳描记仪或二氧化碳分析仪则是用来测量呼气末二氧化碳的技术或仪器。在许多情况下，人们将"二氧化碳描记"一词用作上述所有术语的统称。

　　呼气末二氧化碳是患病动物呼出的二氧化碳的废气量。在大多数哺乳动物中，正常的呼气末二氧化碳水平35～45mmHg之间。当呼气末二氧化碳大于45mmHg时，患病动物被视为高碳酸（二氧化碳过多）。数值上升指示通气不足，重呼吸二氧化碳或肺换气不足。读数值长时间超过60mmHg会导致低氧血症。低氧血症易使患病动物心律失常、心肌抑制、呼吸性酸中毒，以及在极少数情况下还会导致心力衰竭。在这些情况下，应手动或机械通气以减少呼气末二氧化碳。肺换气不足也可能表示麻醉程度太深。应评估生命体征和深度，并根据需要调整麻醉深度。

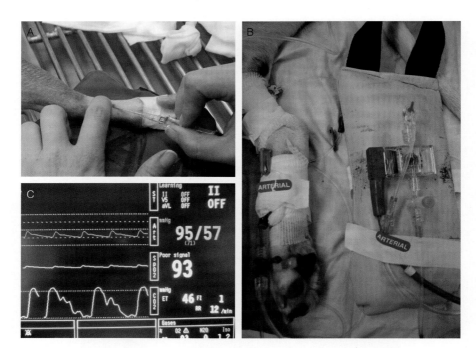

图3.3 直接动脉血压监护可给出收缩压、平均压和舒张压连续、实时读数。这种方法被认为是"黄金标准"。A. 首先用标准导管插入动脉。B. 传感器附接到导管和监护仪。来源：Dr. Cary Craig, Clinical Professor Small Animal Anesthesia, UC Davis Veterinary Medical Teaching Hospital. C. 监护仪显示连续和实时的血压读数

呼气末二氧化碳值小于35mmHg指示过度通气。这些患病动物被认为是低碳酸（二氧化碳不足）。也可能需要通气来帮助调节不稳定的呼吸模式，如呼吸急促。过度通气也指示麻醉深度过浅或疼痛。显然，应该对此进行评估并进行相应处理。低碳酸血症也可指示其他问题，例如通气/灌注（V/Q）不匹配、心输出量低、插管插入食管、患病动物插管拔出、插管扭结或黏液堵塞、呼吸暂停和体温过低。

市场上有两种类型的二氧化碳分析仪：侧流式和主流式。侧流二氧化碳描记法要将采样线直接连接到气道，如图3.4A所示。将气体通过管道泵入到测量室中，该方法可进行连续采样。这是非常有效的方法，但更易造成扭结或者被血液、黏液或水分堵塞。

主流二氧化碳描记直接在连接该装置的气管插管处分析气体，如图3.4A所示。主流设备会增加死腔，因此在处理小型患病动物时，器械的选用非常重要。主流监护仪不太可能被堵塞，并且维护成本通常较低。缺点是他们比侧流监护仪大，会拉扯或扭结气管插管。

心电图

心电图仪（ECG）是唯一可以同时监护心脏速率和节律的模块。心电图通过显示心脏电活动的图形来工作。所有的哺乳动物都有一个四腔室的心脏。最初的电脉冲始于右心房的窦房（SA）节（心脏

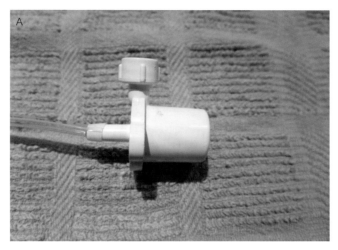

图3.4　A. 侧流二氧化碳描记法要将采样线直接连接到气道。将气体通过管道泵入到测量室中，该方法可提供连续采样。这是非常有效的方法，但更容易造成扭结或者被血液、黏液或水分堵塞。B. 主流二氧化碳描记直接在连接该装置的气管插管处分析气体。主流设备会增加死腔，因此在处理小型患病动物时，器械的选用非常重要。主流监护仪不太可能被堵塞，并且维护成本通常较低。但是，它们比测流监护仪大，会拉扯或扭结气管插管

的天然起搏点），然后到达心房和心室之间的房室（AV）节。随后，电脉冲通过浦肯野纤维再出来并通过心室。这些电脉冲会产生可在正常心电图上看到的P波、QRS波群和T波。

P波代表心房去极化。当血液从心房泵入心室时，去极化在收缩过程中发生。QRS波群代表心室去极化。当血液离开心脏并从右心室到达肺部或从左心室到达身体的其余部分时，就会发生这种情况。T波代表心室复极化。这发生在心室被动充盈的舒张期。

在兽医学中，麻醉时最常用的心电图监护是三导联系统。每根导联线都有各自的配色设计，但最常用的是右前肢白色导联线、左前肢黑色导联线、左后肢红色导联线。使用心电图粘贴片可以将这些导联线放置在脚或胸/腹壁上。也可以使用鳄鱼夹，但应尽量把夹齿磨平，以防止受伤。

血氧脉搏仪

脉搏血氧饱和度监护可对动脉血红蛋白的氧饱和度进行无创测量。放置探头的常用位置包括耳郭、脚、阴茎包皮、外阴、嘴唇、舌头或皮肤上任何无色素沉着的地方。毛发多和色素沉着重的区域会影响监护仪的准确性。血管收缩、低血容量性休克、黏膜干燥、体温过低、环境光线干扰、运动/颤抖和血红蛋白异常也会导致读数不准确。

氧合血红蛋白和脱氧血红蛋白能够吸收不同波长的红外线和红光。血氧脉搏仪探头通过两个发光二极管同时发射出红外线和红光。当探头放置在动脉血管床时，不同波长的光会被吸收，会显示出氧化血红蛋白与总血红蛋白的百分比，即为血氧饱和度（SpO_2）。

正常的血氧饱和度为98%～100%。血氧饱和度对应于血红蛋白在氧解离曲线上的特定数字。血氧饱和度降至90%以下后，曲线斜率急剧下降。90%的血氧饱和度对应于解离曲线上的60mmHg。此时，患病动物被认为出现低氧血症，需要采取纠正措施。

体温监护

所有全身麻醉的患病动物均应监护核心体温。大多数患病动物可以使用简单的直肠温度计或直肠连续读数温度计。患病动物在接受内镜检查手术、处理呼吸系统以及鼻腔和/或口腔时，直肠探头是理想选择。如果食管探头不直接干扰内镜检查手术，则可以使用。食管探头可提供连续读数，在某些情况下可与食管听诊器联合使用。应至少每15min检查并记录一次核心体温。

体温过低是麻醉的不良反应，但可以通过使用加热垫、强力暖风毯以及给患病动物盖上羊毛垫或泡沫包装纸等基本物品来预防体温过低。体温过低可导致凝血障碍并由于颤抖而增加耗氧量，通常会延长麻醉恢复时间和术后愈合时间。

基础血气监护

动脉血气监护被认为是评估患病动物气体交换和酸碱状态的"黄金标准"方法。当今市场上有许多不同的血气分析仪，从大型台式机到手持床旁机。两者都有其优点和缺点，但是最终结果通常是相同的。大多数血气分析仪至少提供酸碱值（pH）、二氧化碳分压（$PaCO_2$）、氧分压（PaO_2）、血氧饱和度（SaO_2）和碳酸氢盐水平（HCO_3^-）的值。其他常见值包括电解质、血红蛋白、碱剩余/缺乏和乳酸。

哺乳动物的正常酸碱值在7.35～7.45。低于7.35指示酸中毒，高于7.45指示碱中毒。当酸碱值升高时二氧化碳分压降低，而当酸碱值降低时二氧化碳分压升高。因此，当二氧化碳分压水平升高时（通常是由于通气不足），酸碱值下降，患病动物会出现呼吸性酸中毒。

如前文所述，哺乳动物正常呼气末二氧化碳为35～45mmHg。呼气末二氧化碳是二氧化碳分压的估算值。在哺乳动物中，呼气末二氧化碳值通常比实际二氧化碳分压低5～7mmHg。

患病动物内镜手术的特殊麻醉注意事项

鼻内镜检查

进行鼻内镜检查有助于诊断或排除真菌或细菌感染、肿瘤和异物存在的可能。如图3.5所示，将内镜放入鼻腔会引起刺激，如果进行完整的黏膜活检可能会很痛苦。阿片类药物常用于术前给药，如果手术时间延长或痛苦时，也可能在术后使用。麻醉诱导和监护技术可能有所不同，因此选择的药物方案要适应每个患病动物的需求。眶下或上颌局部麻醉药阻滞可有助于提供多模式麻醉方法。如果正确进行局部阻滞会阻止神经冲动的产生和传导。使用局部麻醉药是我们可以完全阻滞疼痛的唯一方法。利多卡因和布比卡因是两种最常用的局部麻醉药。药物的选择应根据所进行的手术和需要进行阻滞的时间长度。利多卡因起效只有几分钟，持续作用时间1～2h。布比卡因起效时间更长（10～20min），作用时间更长（4～6h）。应考虑在可能疼痛的手术结束时进行术后镇痛。

眶下阻滞

眶下神经阻滞为上颌骨的吻侧部位提供麻醉。眶下孔的开口正好在第三前臼齿上方，如图3.6所示。触摸到眶下孔后，可将一根小针头插入并推进到眶下孔内。如果放置正确，针头会很容易向前推进。如果针头不能推进（可能是由于碰到骨头），稍微向后退，重新定位，然后再次开始推进。一旦针头正确地放置在眶下管内，抽吸以确保针头不在血管内。如果抽吸到血液，请拔出并重新开始。如果没有抽吸到任何东西，则可以安全地进行局部麻醉。常用的针头尺寸范围是25～27G。长度根据所涉及的物种而有所不同。如图3.7所示，猫和短头颅犬的眶下孔浅。处理这些动物时应格外小心，因为如果针头推进太深可能会损伤眼睛，如图3.8所示。

图3.5　鼻内镜检查手术会引起不适和疼痛。局部阻滞可提供多模式方法麻醉，并有助于平稳苏醒

上颌阻滞

上颌神经阻滞为上牙弓、鼻口部、硬腭和软腭提供麻醉。这种阻滞最好用一根针插入颧骨弓吻侧下方并将其以垂直方式引向上颌孔。常用的针头尺寸范围为22～25G，长度为1～1.5in。表3.2列出了局部牙科麻醉阻滞的剂量。

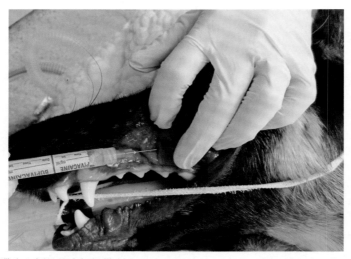

图3.6 眶下神经阻滞为上颌骨的吻侧提供麻醉。眶下孔的开口正好位于第三前臼齿上方，通常容易触摸到

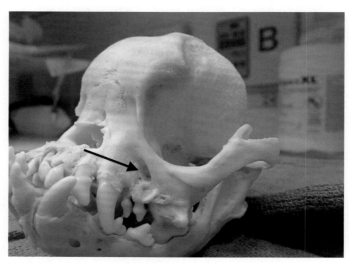

图3.7 猫和短头颅犬的眶下孔较短。箭头指向眶下孔的开口

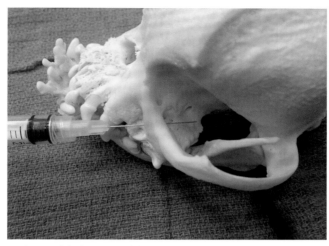

图3.8　短头颅犬的颅骨。在这些动物中，应谨慎使用眶下阻滞，因为如果进针过度会损伤眼睛。所示针头穿过眶下孔

表3.2　牙科局部麻醉阻滞建议剂量

动物	剂量（每个部位：mL）[*]
猫和小型犬	0.25
中型犬	0.5
大型至特大型犬	1.0

[*]是根据笔者的经验。最大剂量应在使用局部麻醉剂之前计算好。来源：经许可引自Seymour, C. and Duke–Novakovski, T. (eds), *BSAVA Manual of Canine and Feline Anaesthesia and Analgesia,* 2nd edn, 2007. © BSAVA.

支气管内镜检查

　　进行支气管内镜检查通常是用来帮助诊断或排除真菌或细菌感染、肿瘤、哮喘和异物存在的可能。由于所使用的内镜设备的性质，这些患病动物的麻醉可能变得具有挑战性。

　　支气管内镜手术不是很痛苦。布托啡诺是理想的常用术前给药，因为它的作用时间短并且通常具有良好的镇静作用。麻醉诱导和监护技术可能有所不同，因此所选择的药物方案应适应每个患病动物的需求。

　　这些患病动物经常出现呼吸功能减退，因此需补充氧气。大多数支气管内镜的直径为5.5mm，适用于连接7.5mm或更大的气管插管。如图3.9和图3.10所示，双隔膜片适配器可为患病动物提供连续地吸入麻醉，并有助于减少工作人员接触麻醉气体的机会。这些适配器还可根据需要连接适当的废气排放管和间歇正压通气（IPPV）。

　　对于小型患病动物的麻醉气体输送，如果内镜不能通过气管插管或双膈膜适配器不可用，则需要采用不同的方式进行麻醉输送。

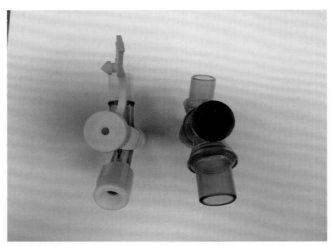

图3.9 双膈膜片适配器的前视图，该适配器可为患病动物提供连续地吸入麻醉，并有助于减少工作人员接触麻醉气体的机会。这些适配器还可根据需要连接适当的废气排放管和间歇正压通气（IPPV）

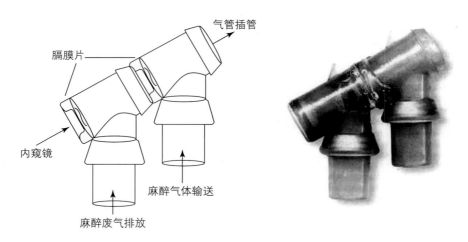

图3.10 图3.9中的双膈膜适配器的侧视图（来源：经许可引自Seymour, C. and Duke-Novakovski, T. (eds), *BSAVA Manual of Canine and Feline Anaesthesia and Analgesia,* 2nd edn, 2007, Ch. 21, p. 241, diagram 21.6. © BSAVA.）

　　最常用的是，使用大口径导管（14G或16G）、小号气管插管或橡胶饲喂管来适配麻醉回路，然后将其置于气管中。这样就能让内镜兽医师把内镜推进到气管和下呼吸道中。可以使用其中一些方法来输送氧气，但是必须小心，因为这些小号管子可能会扭结或落入气管。重要的是要注意这些方法会导致高碳酸血症，因为二氧化碳不易清除，如果患病动物在手术过程中出现呼吸暂停，则无法提供间歇正压通气（IPPV）。

　　针对小型患病动物的另一种氧气输送方法是使用大口径导管连接至高频喷射呼吸机，如图3.11和图3.12所示。这是笔者首选的方法，因为可以在提供通气支持的同时补充足够的氧气，从而有助于消

图3.11 高频喷射呼吸机可提供超低的潮气量并提高呼吸频率

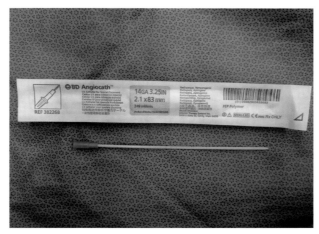

图3.12 大口径导管连接到喷射呼吸机将氧气输送给患病动物，如图3.11所示

除二氧化碳的积聚。高频喷射呼吸机可提供超低的潮气量并提高呼吸频率。根据笔者的经验，当将呼吸频率设置为180次/min时，大多数喷射呼吸机可提供适当的通气，并且可以适当调节压力，以便麻醉师可以观察到小型动物胸部起伏。在这些设置下，二氧化碳分压水平通常可保持在可接受的范围内。

　　不管选择哪种补充氧气的方法，都不能使用吸入麻醉药，因为"气管插管"这种方式会使气道不能恰当密封。全身麻醉可以使用间歇性大剂量麻醉药或恒定速率的麻醉药输注。丙泊酚最常用且有益，因为很容易滴注起效，起效时间很快，作用持续时间短，并且可以持续恒速静脉输注（CRI）的形式给药。通常，给犬类患病动物多次大量或恒速持续输注丙泊酚都能良好苏醒。另一方面，给猫科患病动物使用多次大量或恒速静脉输注丙泊酚的时间超过30min后，苏醒时间可能会延长。阿法沙龙也可以用类似丙泊酚恒速静脉输注的方式进行使用，并且在猫中通常是较好的选择，因为它的不良反应较小。框3.2提供了如何计算恒速静脉输注的信息。

框3.2　恒定静脉输注的计算

恒速静脉输注是在一段时间内连续给予小剂量药物。在许多情况下，需要在恒速静脉输注开始前给予恒速静脉输注负荷剂量。负荷剂量将迅速增加药物血浆浓度水平，使低剂量恒速静脉输注迅速生效。如果在诱导后的最初几分钟内就开始恒速静脉输注，则诱导剂量可以用作负荷剂量

了解要使用的方程式后，计算恒速静脉输注非常容易。例如，假设你要麻醉吉娃娃进行支气管内镜检查，并收集诊断性样本。你将如何计算丙泊酚的恒速静脉输注

计算恒速静脉输注的公式如下：

（患病动物体重 × 药物剂量 × 时间因子）/药物浓度

令该方程式的时间因子为60min/h

假设吉娃娃的重量为2.0kg，开始使用的丙泊酚的剂量为0.2mg/（kg·min）[常见剂量为0.1～0.4mg/（kg·min）]。丙泊酚的浓度为10mg/mL

将上述所需的信息代入公式计算恒速静脉输注：

[2.0kg×0.2mg/(kg·min)×60min]/h/10mg/mL=2.4mL/h

经许可改编自 Seymour, C. and Duke–Novakovski, T. (eds), *BSAVA Manual of Canine and Feline Anaesthesia and Analgesia,* 2nd edn, 2007. © BSAVA.

患病动物支气管内镜检查的监护和苏醒可能会很困难。监护基本生命体征和间接血压至关重要。放置动脉导管不仅可以直接监护血压，还可以通过血气分析提供术中和术后的通气和氧合状态信息。还应考虑血氧脉搏仪，因为它提供了一种无创的方法来帮助监护血氧饱和度。由于该手术的性质，支气管内镜的放置，样品收集过程中气道产生的液体，或采样时的大量出血都可能导致血氧饱和度降低。手术完成后，应在气管中放置一个正常尺寸的气管插管，并为患病动物提供氧气直至拔管。苏醒期间如有必要，应提供流动氧气支持。必要时应考虑术后疼痛管理。

气管内镜检查

进行气管内镜检查手术有助于诊断或排除真菌或细菌感染、肿瘤或异物存在的可能。根据患病动物的物种和大小，可以使用硬质或软质内镜。需要气管内镜检查的患病动物应与支气管内镜检查患病动物相同的方式对待处理。

食管内镜检查和胃十二指肠内镜检查

食管内镜检查和胃十二指肠内镜检查通常在犬和猫中进行，用于诊断目的并进行样本收集。食管内镜和胃十二指肠内镜检查的常见原因包括但不限于异物取出、活检收集以及微创方法探查上消化道（GI）。

上消化道疾病的患病动物可能会出现慢性呕吐、脱水、体况差、电解质失衡和全身不适。理想情况下，在麻醉诱导前应给这些患病动物补充适当水分。平衡晶体液最常用于静脉输液治疗，但必要时可给予胶体液。合成胶体液最常用于低蛋白、蛋白丢失性肠病或低血容量的患病动物。

麻醉方案会因ASA状态、具体进行的手术、药物供应情况和临床兽医的偏好而有所不同。最常见的是，给患病动物使用阿片类药物，选择使用或不使用抗胆碱能药物。如果需要的话，可以将苯二氮卓类或乙酰丙嗪添加到术前给药方案中。已知有异物的患病动物不应给予会引起呕吐的药物，因此经常选择阿片类药物，如美沙酮、丁丙诺啡或布托啡诺。使用阿片类药物的潜在不良反应是胃十二指肠括约肌收缩力增加。括约肌收缩力的增加可能会使内镜兽医更难将内镜通过括约肌。根据笔者的经验，这种情况往往发生在经验较少的人身上。由于这种潜在的作用，一些人建议给予短效的κ-受体激动、μ-受体拮抗的阿片类药物（如布托啡诺），或者直到完成手术后才给予任何类型的阿片类药物。对于后一种情况下，仍然需要为患病动物提供其他镇痛药物，而阿片类药物可能有助于使苏醒更平稳。

监护参数基于每个患病动物的健康状况而定。应在整个手术过程中至少每5min钟进行一次基本监护，如心率和呼吸频率、黏膜颜色毛细血管再充盈时间、核心体温、脉搏强度和血压，并进行记录。可以根据需要添加高级监护技术，如直接动脉血压监测、中心静脉压、心电图、二氧化碳描记、脉搏血氧饱和度等。

在大多数情况下，这些手术相当快速，并被认为不会带来很大的痛苦。完成这些手术，通常不需要镇痛药。在极少数病例中，去除食道异物会引起纵隔积气和气胸。这通常是通过内镜观察到食管中的穿孔来诊断（或胸片诊断）。气胸的常见症状包括呼吸困难、听诊呼吸音下降、低氧血症、难以提供间歇正压通气，以及胸腔异常扩张。血氧脉搏仪是一种可用于评估氧合状态的仪器。如果安装了动脉导管的话，则可以进行血气分析，将提供最准确的氧合状态数据。

发生气胸的患病动物，如图3.13所示，将很可能需要进行胸腔穿刺术和/或放置胸导管。在某些病例中，可能需要进行胸腔外科手术。开胸手术的麻醉管理可能会很困难。如果尚未安装，则应设置血氧脉搏仪、二氧化碳分析仪和心电图。应放置动脉导管以获得连续的血压监护，也易于获得血气样

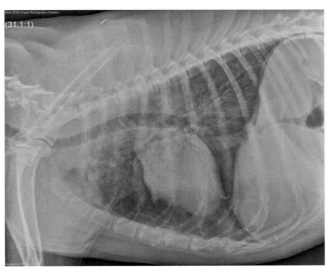

图3.13　侧位X线片显示典型气胸

本。还可以放置二级静脉导管，因为这将为输注液体和其他药物提供额外的通道。一旦打开了胸腔，应提供间歇正压通气，这可以通过手动或机械通气来完成。在打开胸腔之前就提供间歇正压通气会加重气胸的严重程度。一旦打开了胸腔，负压就会消失。此时应使用呼气末正压（PEEP）或持续气道正压（CPAP）通气。呼气末正压或持续气道正压通气可以选定恒定压力向肺部施加，以防止气道塌陷并帮助改善整体氧合状态。

对进行胸腔外科手术的患病动物进行适当的疼痛管理也很重要。胸腔内镜检查部分提供了有关镇痛的更多信息。

直肠内镜检查

直肠内镜检查是一种用于检查直肠的微创手术。直肠内镜检查让临床兽医可以采集诊断样本和活检，并在不进行侵入性手术的情况下清除异物。通常在大多数情况下，手术可以在深度镇静下进行。常见的术前联合给药包括使用阿片类药物，选择使用或不使用乙酰丙嗪，右美托咪定和苯二氮卓类药物。

即使只是计划进行深度镇静，也应给患病动物指派专职麻醉师。必要时，麻醉师应做好全身麻醉的准备。应事先准备好麻醉机、监护设备和气管插管且易于使用。建议放置静脉留置针。患病动物可能不需要使用液体治疗，但是在紧急情况下或需要全身麻醉的情况下静脉通路是有好处的。

给深度镇静的患病动物进行流动氧气治疗也有好处。基本生命体征如心率和呼吸频率、脉搏强度、核心体温（如有可能）、毛细血管再充盈时间以及观察黏膜颜色等应至少每5min监护并记录一次。即使在重度镇静下记录生命体征也是有用的，因为这些数据可为这次检查提供了一份法律文件，并且如果将来需要对患病动物再进行镇静或麻醉时，也可以用来参考。

大多数直肠内镜检查手术很快，只有轻微的疼痛。术后一般不需要镇痛。

结肠内镜检查

结肠内镜检查是一种常见手术，可帮助进行样本收集和诊断是否有肿瘤、溃疡和广泛性下消化道疾病的存在。结肠内镜检查的患病动物没有特别的麻醉注意事项。麻醉处理方法应与其他病例相同。患病动物的整体健康状况，包括体格检查结果和血液检查结果的改变，如果有，应考虑。应该为每个患病动物制定一个单独的计划。完全的μ–受体阿片类药物常被用作术前给药方案的一部分。根据患病动物的个体需求选择诱导药物和监护设备。该手术通常不需要术后镇痛，但必要时可以给予。

阴道内镜检查

阴道内镜检查是用于检查阴道的微创手术。与直肠内镜检查相似，阴道内镜检查也可让临床兽医无需进行侵入性手术即可获取诊断样本和活检，植入精液并去除可能的异物。除了母犬人工授精外，与直肠内镜检查部分相同的麻醉方法也适用于阴道内镜检查。发情的母犬通常不会排斥阴道内镜，很少需要镇静。

喉内镜和咽内镜检查

进行喉部和咽部内镜检查有助于诊断是否有肿瘤、细菌和/或真菌的感染以及异物的存在，评估喉部功能并进行样品收集。可以在支气管内镜检查、鼻内镜检查或食管胃十二指肠内镜检查之前进行喉内镜检查。最好在麻醉诱导完成后但在气管插管之前完成检查。喉部易于检查，手术过程通常非常快速。需要深而平稳的呼吸来充分评估喉部运动。如果发现任何异常，静脉注射剂量为 $0.5 \sim 1mg/kg$ 的盐酸多沙普仑可以促进深呼吸，以进行更彻底的检查。需要时应提供流动氧气，并且在检查完成后应立即为患病动物插管。如果患病动物进入轻度麻醉等级，麻醉师应准备好使用其他注射麻醉剂。

内镜检查咽部也是一个相当快的手术。诱导后，给患病动物插管并开始使用吸入麻醉剂。检查咽部会对患病动物非常刺激。麻醉师应准备好增加吸入麻醉剂或根据需要提供其他注射麻醉剂。

选择麻醉方案时，患病动物的整体健康状况，包括体格检查结果和血液检查结果的改变，如果有，应考虑。应该为每个患病动物制定一个单独的计划。阿片类药物常被用作术前给药方案的一部分。根据患病动物的个体需求选择诱导药物和监护设备。

喉部和咽部内镜检查一般不会感到痛苦。除非认为有必要，否则不给予术后镇痛药。

膀胱内镜检查

膀胱内镜检查是在犬、猫中进行的常见手术，可进行样本收集并诊断是否有肿瘤、输尿管异位和膀胱结石的存在，并帮助进行碎石术。膀胱内镜检查患病动物没有特别的麻醉注意事项。麻醉处理方法应与其他病例相同。患病动物的整体健康状况，包括体格检查结果和血液检查结果的改变，如果有，应考虑。应该为每个患病动物制定一个单独的计划。完全的 μ –受体阿片类药物通常用作术前给药方案的一部分，可使用或不使用抗胆碱能药物。根据患病动物的个体需求选择诱导药物和监护设备。如有必要，可根据手术时间和可能引起的疼痛，给予术后镇痛。

胸腔内镜和腹腔内镜手术

在过去几年中，使用硬质内镜进行腹腔和胸腔内镜手术在兽医学中变得更加普遍。微创技术不仅为兽医外科提供了一种获取内脏器官活检的方法，而且还可以进行以前只有传统外科干预才能进行的主流外科手术。使用微创技术时，患病动物往往康复得更快，并且疼痛也更少。

胸腔内镜检查

胸腔内镜检查用于获取诊断样本（如组织活检）以及微创手术和干预。常见的胸腔内镜手术包括但不限于肺叶切除术、心包切除术、肿块切除术和血管环异常修复术。

进行胸腔内镜检查手术，首先需要向胸腔内放置接入端口。这些端口可让外科兽医放入硬质内镜、器械和充入气体，如空气或二氧化碳。气体的引入可引起气胸，并使胸腔内结构更好地可视化。

麻醉方面的注意事项与需要胸腔侧切开或正中胸骨开胸的患病动物相似。一旦穿透了胸腔并且失去了负压，则必须使用间歇正压通气和呼气末正压通气。呼气末正压通气可让肺部在整个手术中保持连续轻微通气膨胀以减少肺不张和低氧血症。呼气末正压通气通常是通过一个阀门（如图3.14所示）提供的，该阀门可以添加到任何麻醉机上。在某些情况下，呼气末正压通气是标准模式，可在机械呼吸机上调入。在整个手术中应使用高级监护设备，包括但不限于血氧饱和度、呼气末二氧化碳、心电图、动脉血气采样和直接动脉血压。

尽管胸腔内镜检查被认为是一种微创手术，但放置端口和手术本身仍然会引起不适。给胸腔充气也是不舒服的。建议使用μ–受体阿片类药物作为术前给药，可使用或不使用抗胆碱能药物。麻醉诱导可能会有所不同，所以选择的药物方案应适应每个患病动物的需求。在胸腔内镜检查手术过程中可以使用平衡或多模麻醉技术，如恒速输注镇痛药。用于恒速输注的镇痛药通常包括吗啡或芬太尼，可添加或不添加氯胺酮和/或利多卡因。加药物进行恒速输注不仅可以提供镇痛作用，还可以减少吸入麻醉剂的整体需要量。

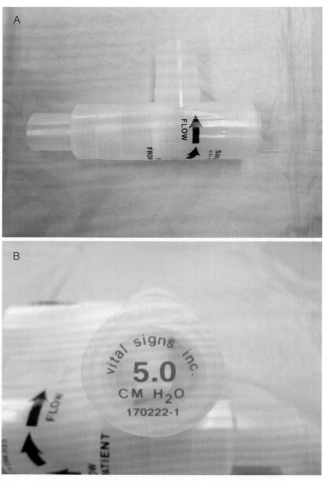

图3.14　一旦穿透了胸腔并且失去了负压，则必须使用间歇正压通气和呼气末正压通气。呼气末正压通气可让肺部在整个手术中保持连续轻微通气膨胀以减少肺不张和低氧血症。呼气末正压通气通常是通过一个阀门提供的，该阀门可以添加到任何麻醉机上

单肺通气

胸腔内镜检查手术通常需要使用选择性单肺通气。顾名思义，单肺通气是在指定时间内只允许一侧肺通气。这对于外科兽医来说是有利的，因为它让需要手术的肺在手术过程中保持塌陷。单肺通气还可以为外科兽医进行胸腔内手术时提供更好的可视化。单肺通气期间可能发生血氧去饱和及低氧血症。与任何开胸手术一样，应使用高级监护技术，包括但不限于呼气末二氧化碳、血氧饱和度、心电图、直接动脉血压监护和动脉血气采样。

有两种主要方法可实现单肺通气。第一种方法是使用双腔罗伯肖支气管插管，如图3.15A和B所示。该专用管由长管和短管组成，有两个独立的气囊。插管有左侧和右侧两种。由于犬的肺部解剖结构，通常使用左侧管。将插管的长段插入左侧主支气管中。在两个气囊恰当充气后，那么左右两侧肺在功能上就分隔开来，如图3.15C所示。盲目放置插管通常是不会成功的；因此，建议使用支气管内镜。支气管内镜应穿过插管的两个管腔，以确保其在气管内正确放置。罗伯肖插管专为人类制造的，因此对于20~25kg以上的犬科患病动物来说，它们的长度较短，效果不好。

单肺通气常用的第二种方法是通过支气管内阻塞器，如图3.15D所示。将特殊的三端口适配器连接到标准气管插管。呼吸回路连接到适配器的一侧，可以正常吸入麻醉剂。支气管内镜穿过适配器的中间部分，能看到内部并能正确放置支气管内阻塞器。支气管内阻塞器穿过另一侧端口。支气管内阻塞器被环绕在支气管内镜的末端并通入气管。一旦将支气管内阻塞器正确放置在支气管内，就可以对其进行充气并取出支气管内镜。

腹腔内镜检查

腹腔内镜检查通常用于收集诊断样本，例如组织活检并进行主流外科手术，包括但不限于肾上腺切除术、脾切除术、腹部肿块切除术、胆囊切除术和腹腔内镜辅助卵巢切除术。正如在胸腔内镜检查部分讨论的那样，进行该手术也要先向腹腔内放置接入端口。这些端口可让外科兽医放入硬质内镜和器械，并充入气体，如空气或二氧化碳。气体的引入会使腹部扩张，从而可以更好地观察内脏器官和血管结构。向腹腔内充入气体会增加腹腔内压力，压力会施加在横膈膜上，使患病动物难以有效呼吸。在此部分进行手术时需要间歇正压通气。

麻醉注意事项与需要开腹手术的患病动物相似。尽管腹腔内镜检查被认为是一种微创手术，但放置端口和手术本身仍然会引起不适。给腹腔充气也是不舒服的。μ–受体阿片类药物通常用作术前给药可使用或不使用抗胆碱能药物。麻醉诱导和监护技术可能有所不同，因此选择的药物方案应适应每个患病动物的需求。可以根据需要在腹腔内镜手术过程中使用平衡或多模麻醉技术，如硬膜外麻醉和/或恒速输注镇痛剂。硬膜外麻醉的常用药物可以是局部麻醉药，可以是阿片类药物（如不含防腐剂的吗啡）或两者的组合。恒速输注镇痛剂的常用药物通常包括吗啡或芬太尼，添加或不添加氯胺酮和/或利多卡因。恒速输注的添加药物不仅可以提供镇痛作用，还可以减少吸入麻醉剂的整体需求量。由于腹腔内镜检查是一种微创手术，因此在大多数情况下不常需要使用硬膜外麻醉。

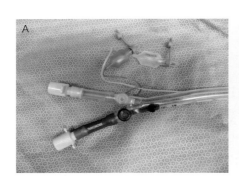
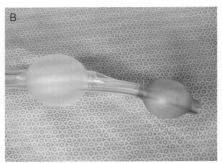
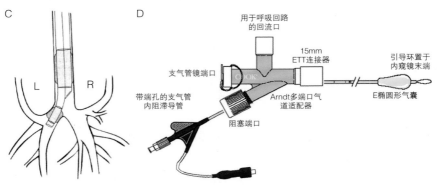

图3.15 单肺通气可以使用双腔罗伯肖支气管插管进行。罗伯肖管由长管和短管组成，带有两个独立的气囊。插管的长段通常插入左侧主支气管。正确充气两个气囊后，左右侧肺在功能上相互隔离（来源：C和D图经许可引用自Seymour, C. and Duke-Novakovski, T. (eds), *BSAVA Manual of Canine and Feline Anaesthesia and Analgesia,* 2nd edn, 2007, Ch. 21, pp. 230 and 240, respectively. © BSAVA.）

关节内镜检查

关节内镜检查手术通常用于帮助诊断关节内是否有关节病的存在并治疗。尽管关节内镜是微创的，但该手术本身仍有些疼痛。患病动物术前给药通常使用μ-受体阿片类药物可使用或不使用抗胆碱能药物。麻醉诱导和监护技术可能有所不同，因此选择药物方案应适应每个患病动物的需求。对于关节内镜手术，建议采用多模麻醉方法。局部技术，如硬膜外镇痛/麻醉和局部阻滞，可以在整个手术过程中提供镇痛和减少肺泡最低有效浓度（MAC），在某些情况下还提供术后镇痛作用。术后镇痛通常要在手术结束后进行。在大多数情况下，建议使用μ-受体阿片类药物。

硬膜外麻醉相对容易实施，由有经验的麻醉师实施只需几分钟。患病动物一般采用俯卧位，如图3.16所示，但也可采用侧卧位。脊柱应该是笔直和对称的，两后腿向前拉，靠在腹部两侧。将两腿向前拉有助于打开硬膜外间隙。首先应触及到髂骨翼。在第七腰椎（L7）和第一荐椎（S1）之间可触及腰荐间隙。在放置硬膜外针之前，应先剃毛并进行无菌准备。硬膜外给药时必须穿戴无菌手套。通常建议使用25G或22G的脊髓针。脊髓针放置在中线上，垂直于皮肤，然后缓慢刺入硬膜外腔。当针头穿过黄韧带并进入硬膜外腔时，常会感觉到"砰"的一声。如果针头碰到骨头，则说明你刺入太多，需要稍微向后退针头。装有少量空气的无菌玻璃注射器装在脊髓针上，并注入硬膜外腔。如果空气容

图3.16　硬膜外间隙位于第七腰椎（L7）和第一荐椎（S1）之间。可以触及到髂骨翼并作为标记来帮助找到硬膜外间隙

易注入，那么你就在正确的位置。如果注射器上出现真空区域，则说明你不在正确的空间内，需要重新放置针头。您还可以使用一种称为"悬滴技术"的技术。将脊柱针刺入皮肤后，就可以将一滴盐水注入针座中。将针缓慢刺入硬膜外腔。一旦进入正确的空间，那滴盐水将被吸进到脊髓针的针座里。如果那滴盐水没有被吸入脊髓针座里，那么你很可能不在硬膜外腔中。一旦针头正确放置后，你可以将装有药物的注射器连接到脊髓针上。始终记得回抽活塞以确保没有血液或脊髓液出现。如果抽出血，则需要拔出并重新开始。如果抽出了脊髓液，应该给予初始计算剂量的1/4。硬膜外给药的常用药物包括不含防腐剂的吗啡、利多卡因、布比卡因和丁丙诺啡。也可以联合使用局部麻醉药和阿片类药物。如果患病动物有败血症或脓皮症或硬膜外部位周围皮肤感染的迹象，则不应使用硬膜外麻醉/镇痛。

术后管理

如果手术过程中会产生疼痛，应给予术后镇痛。常用的术后药物包括 μ-受体阿片类药物、部分激动剂（如丁丙诺啡）、κ-受体激动剂、μ-受体拮抗阿片类药物（如布托啡诺）和非甾体类抗炎药（NSAID）。非甾体抗炎药与阿片类药物联合使用可产生多模镇痛作用，只可用于未同时接受类固醇的健康患病动物（那些无肾脏或肝脏疾病迹象的）使用。

理想情况下，患病动物术后应在温暖、低应激的环境中苏醒。拔管后，应至少每30min由专门的兽医技术人员评估一次心率、呼吸频率、核心体温和疼痛。应该对患病动物进行监护，直到他们完全苏醒能够在没有保温措施的情况下维持体温。建议在术后数小时至数天对危重的患病动物进行连续监护。

表3.3涵盖了常用药物剂量清单，可用于制定不同手术阶段的麻醉计划。将该表与本章概述的麻醉技术一起使用会使手术过程变得更容易，并为患病动物带来更顺畅、平稳的苏醒。

表3.3　麻醉前后常用药物剂量

类别	药物[*]
μ-受体阿片类	氢化吗啡酮0.05～1.0mg/kg SC, IM, IV；吗啡0.3～1.0mg/kg SC, IM, IV美沙酮0.2～0.5mg/kg SC, IM, IV；羟吗啡酮0.02～0.06mg/kg SC, IM, IV
部分激动剂	丁丙诺啡10～20μg/kg IM, IV
混合激动剂	布托啡诺0.2～0.4mg/kg SC, IM, IV
抗胆碱能	阿托品0.02～0.04mg/kg SC, IM；格隆溴铵0.01～0.02mg/kg SC, IM
α_2-激动剂	右美托咪定5～7.5μg/kg（猫）和2.5～5μg/kg IM（犬）
α_2-拮抗剂	阿替美唑：右美托咪定剂量的10倍（与右美托咪定体积相同）IM
吩噻嗪	乙酰丙嗪0.01～0.05mg/kg
分离剂	氯胺酮5～10mg/kg SC, IM 特拉唑嗪2～3mg/kg SC, IM（猫)和4～5mg/kg SC, IM（犬）
常用诱导剂	丙泊酚6～8mg/kgIV 丙泊酚4mg/kg+咪达唑仑0.3mg/kg IV 丙泊酚4mg/kg地西泮0.3mg/kg IV 丙泊酚4mg/kg+氯胺酮2mg/kg IV 阿法沙龙1～2mg/kg+咪达唑仑0.1～0.3mg/kg 氯胺酮5mg/kg+咪达唑仑0.3mg/kg 氯胺酮5mg/kg+地西泮0.5mg/kg 芬太尼10μg/kg+咪达唑仑0.3mg/kg 芬太尼10μg/kg+地西泮0.5mg/kg 依托咪酯1.5mg/kg+咪达唑仑0.3mg/kg 依托咪酯1.5 mg/kg+地西泮0.5mg/kg
恒速输注：	
猫：芬太尼负荷剂量5μg/kg	CRI 0.2～0.4μg/（kg·min）
犬：芬太尼负荷剂量5～10μg/kg·min	CRI0.5～0.7μg/（kg·min）
丙泊酚	CRI 0.2～0.4mg/（kg·min）
阿法沙龙0.1～0.3mg/（kg·min）	

[*] 药物方案应针对每个患病动物量身定制。虚弱的、幼年的和老年的患病动物需要的剂量可能比健康的动物小。这些是加州大学戴维斯分校兽医教学医院通常使用的药物剂量。

推荐阅读

[1]　Bryant, S. (ed.) (2010) *Anesthesia for Veterinary Technicians.* Blackwell Publishing, Ames, IA.

[2]　Seymour, C. and Duke-Novakovski, T. (eds) (2007) *BSAVAManual of Canine and Feline Anaesthesia and Analgesia,* 2nd edn. British Small Animal Veterinary Association, Gloucester.

[3]　Tranquilli,W.J., Thurmon, J.C., and Grimm, K.A. (eds) (2007) *Lumb & Jones' Veterinary Anesthesia and Analgesia,* 4th edn. Blackwell Publishing, Ames, IA.

第4章 上消化道内镜检查

Susan Cox

消化道（GI）的内镜检查包括食管、胃和十二指肠。上消化道检查包括3个区域，称为食管、胃、十二指肠镜检查（EGD）。根据临床体征，可以连续进行食管、胃、十二指肠镜检查和下消化道内镜检查。

技术人员在上消化道内镜检查中起着关键作用，尤其是在活检取样、文档记录和异物取出方面。通常是由同一名技术人员在麻醉患病动物的同时监测其反应，因此进行这两项任务可能会有挑战。了解消化道内镜检查的基本原理将使技术人员能够判断内镜兽医的需求，从而在手术过程中有更多时间专注于患病动物。

上消化道研究需要专门的设备和技术支持，例如食管狭窄手术、异物取出和经皮内镜下胃造瘘（PEG）管放置。这些手术将在本章进行深入讨论。

患病动物准备

为了在犬、猫的上消化道（UGI）手术中获得最佳视觉效果，患病动物应在手术前12～24h禁食，如果怀疑胃排空延迟，则应禁食更长时间。如果怀疑有出血性疾病，则最低数据库中应包括凝血套组（凝血酶原时间/部分凝血酶时间，纤维蛋白原）。用于上消化道检查的硫酸钡会堵塞内镜管道，建议将食管、胃、十二指肠内镜检查延迟12～24h，并拍摄X线片以证实患病动物的胃肠道中无钡剂。如果紧急情况需要胃肠道内镜检查，应避免内镜吸引硫酸钡，并应在手术后立即进行内镜处理。

在进行了胃切除术的患病动物中，很难定位胃窦。最好将患病动物置于右侧卧位并向内吹入气体以改善可视化效果。

设备和器械

软质内镜用于食管、胃、十二指肠内镜检查手术。尽管某些胃内镜具有双向偏转，但四向偏转可使胃内的操作更容易。所有胃内镜均应具有正常的空气/水和吸引功能。有关尺寸建议，请参见表4.1。正确大小的胃内镜为内镜兽医提供了可控的外径，可用于幽门插管，并且还能够获得可观的诊断活检样本。乙状结肠内镜或硬质直肠内镜可用于取出食道异物，例如鱼钩。

　　软质钳用于活检和异物取出。尖刺钳通常不用于消化道内镜检查，因为它们会压碎细胞，产生较差的诊断样本，尽管它们可用于获得坚韧的食管组织活检样本。用于取出异物的钳子在设计上会有所不同，具体取决于要取出的物体，它们的应用将在本章后面讨论。带保护套的细胞学刷和抽吸管可收集十二指肠液体，也可用于样本收集。

　　食管狭窄需要使用几套带有导丝的球囊扩张器。食管扩张器的尺寸从6mm开始，逐渐增大到20mm。球囊膨胀系统可以在狭窄部位提供准确的压力测量值。

　　经皮内镜下胃造瘘管套件可在市场上买到，尺寸为18Fr[*]和24Fr，并配有经皮内镜下胃造瘘管、缓冲器、IV导管型导入器和饲喂适配器。经皮内镜下胃造瘘管也可以单独购买，具有从锥形端出来的缝合环适合内镜使用。两种类型的经皮内镜下胃造瘘管如图4.1所示。有关所需耗材的清单，请参见框4.1。

表4.1　上消化道内镜检查手术的患病动物尺寸与内镜尺寸

物种/重量	外直径(mm)	工作长度 (m)	管道大小 (mm)[*]
猫	7.9	1.4	2.0
犬<10kg	7.9	1.4	2.0
犬10~20kg	8.5	2.0	2.8
犬>20kg	10.0	2.1	2.8

[*] 器械应比管道尺寸小0.2mm。例如，一个 2mm 的管道可接受一个 1.8mm 器械。

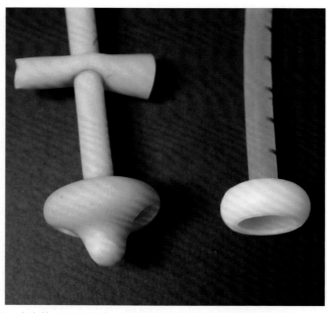

图4.1　展示两种类型的经皮内镜下胃造瘘管。左侧的管是乳胶的喷嘴蘑菇头导管。这些导管比硅树脂便宜，但是需要与内镜配合使用。右边的管是一个硅胶纽扣型开口导管。这些管都是预制套件，尺寸为20Fr或24Fr

[*] Fr为非法定计量单位，1Fr=0.33mm。

框4.1　经皮内镜下胃造瘘管所需的材料

- 软质内镜
- 空气/水清洁适配器
- 水瓶
- 吸引单元
- 部件台
  - 监护开启
  - 摄像机或处理器和光源
    - 输入患病动物信息
    - 按下下吹入/空气按钮
    - 按下下点亮按钮
      - 进行白平衡
    - 连接水瓶/吸引单元
  - 影像捕获
    - 输入患病动物信息
- 非抑菌润滑油
- 开口器
- 温水瓶，用于内镜检查前后
- 检查手套和防护服
- 活检钳
- 异物
  - 取出钳
- 生理盐水浸润的4cm×4cm纱布
- 食管狭窄
  - 球囊扩张器/探索条
  - 导丝
  - 皮质类固醇注射剂
  - 盐水球囊膨胀系统
- 经皮内镜下胃造瘘管放置
  - 经皮内镜下胃造瘘管套件
  - 缝线
  - 弹力织物
  - 无菌手套
  - 剃毛和外科刷洗
  - 尼龙扎带
  - 饲喂适配器
- 活检用品
  - 活检盒
  - 福尔马林广口瓶/培养基
  - 用于转移样本到活检盒的活检针
  - 活检处理文书
- 记录术中观察的内镜检查报告

手术步骤

- 全身麻醉

- 左侧卧

  - 背侧放置胃窦/幽门，以便于检查和进入，如图4.2所示

- 右犬齿上的开口器（参见图4.2和图4.3）

  - 猫用剪断的注射器针筒可能更好（请参见推荐阅读）

- 口咽检查

  - 检查扁桃体——扁桃体窝的里面和外面

  - 触诊硬/软腭，舌下检查肿块、异物

  - 简单的牙科检查

- 内镜

  - 测试吸引空气/水等功能，显示器影像

- 食管

  - 气管插管背侧的上食管括约肌

  - 技术人员可能需要用手指塞住喉部尾侧的食管，以进行充分地吹气和随后的可视化

  - 食管下括约肌（LES）——位于胃和食管交界处

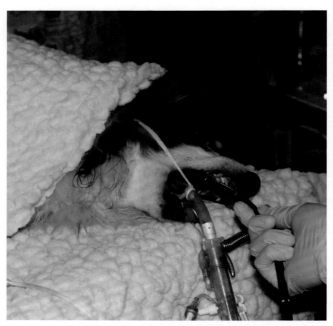

图4.2　食管、胃、十二指肠内镜检查手术的患病动物摆位。将患病动物置于左侧位，并在左犬齿上放置开口器。内镜在气管插管背侧放置，颈部略微伸展

- 标准外观
  - 黏膜淡粉红色，极少或无液体存在
  - 猫科动物——内径上独特的环形图案（参见图4.4）
- 异常发现
  - 肿瘤——食管下括约肌平滑肌瘤、肉瘤和癌（参见图4.5）

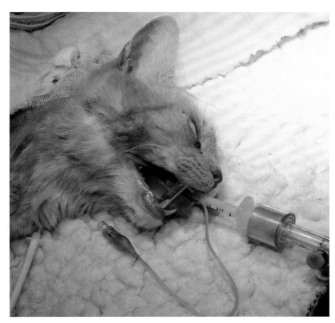

图4.3　注射器管用作猫科动物的开口器。可以做成任何长度。软管也可以放置在末端

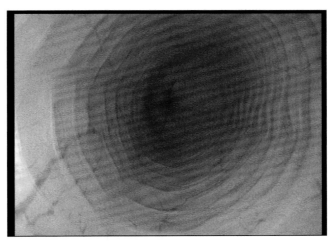

图4.4　猫科患病动物总体正常的食管。在淡粉红色的黏膜上可见明显的人字形图案。食管下括约肌见于远端

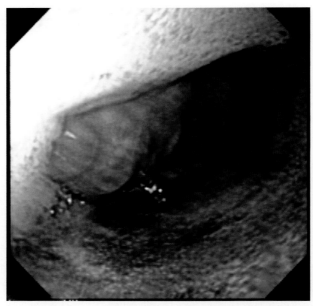

图4.5　松狮犬的食管，朝食管下括约肌方向看。注意食管黏膜上的黑色素沉着，对于该犬种是正常的。该患病动物的影像左侧也有多个肿块

- 狭窄
  - 请参见本章后面的狭窄治疗
- 异物（参见图4.6）
- 炎症
- 挑战性活检
- 胃
  - 5个区域（从近端开始）——贲门、胃底、胃体（包括胃大弯）、胃角和胃窦（包括幽门）
  - 最少量的内镜充气
    - 容易插入幽门
    - 稳定麻醉患病动物（请参见第3章）
  - 标准外观
    - 黏膜——光滑，粉红色，反光
    - 折叠褶皱
      - 胃大弯处黏膜
      - 吹气后消失
      - 活检的首选部位
    - J形操作或内镜反折（参见图4.7）
      - 可以看到胃底和贲门

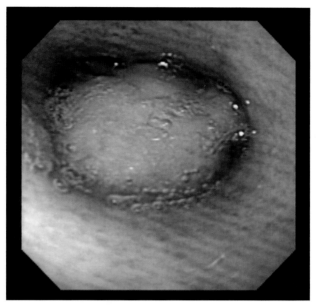

图4.6　一个苹果核卡入犬的食管。食管异物可能难以去除，这取决于摄入时间和物体的形状。可能发生食管穿孔，需要手术纠正

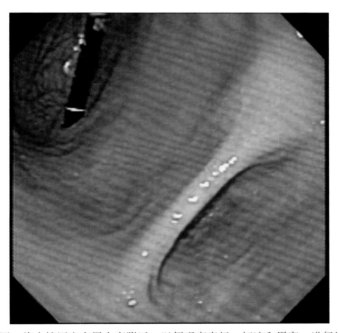

图4.7　胃部的反折视图。将内镜固定在胃大弯附近，以便观察贲门、切迹和胃窦。进行活检时，应在进行反折操作之前将活检钳放在器械管道中

- 进行活检时，在反折前将钳子放入内镜中
  - 活检管道上不要施加太多力
- 禁食的患病动物
  - 预期有少量液体
  - 少量食物或胆汁酸存在
    - 胆汁液体指示幽门反流
- 幽门括约肌
  - 正常是关闭，但略有间隙时也不明显
  - 由于坚韧的平滑肌环，与胃部其他部位相比，可获得的活检样本较小
  - 内镜下幽门插管
    - 如果插管困难，技术人员可以将活检钳穿过幽门作为内镜滑行的导丝（钳处于闭合位置）
    - 取出内镜，将患病动物置于俯卧位或右侧卧位
    - 如果不成功，则进行盲活检
      - 软质钳穿过幽门
- 异常发现
  - 异物
  - 胆汁
    - 来自幽门的反流
  - 溃疡，糜烂/黏膜充血（参见图4.8）
  - 息肉
  - 肿块（参见图4.9）
- 活检部位
  - 注意组织的脆性
  - 注意活检后部位异常出血

- 十二指肠
  - 标准外观
    - 比胃黏膜稍淡，更具有颗粒感
    - 十二指肠大、小乳头（参见图4.10）
      - 距幽门入口约5cm
      - 黏膜表面可略微凸起
      - 避免活检
    - 淋巴集结——沿黏膜的淋巴组织的圆形区域
  - 异常发现（参见图4.11）
    - 根据严重程度在组织学上被诊断为肠炎或炎性肠病（IBD）
    - 黏膜变化

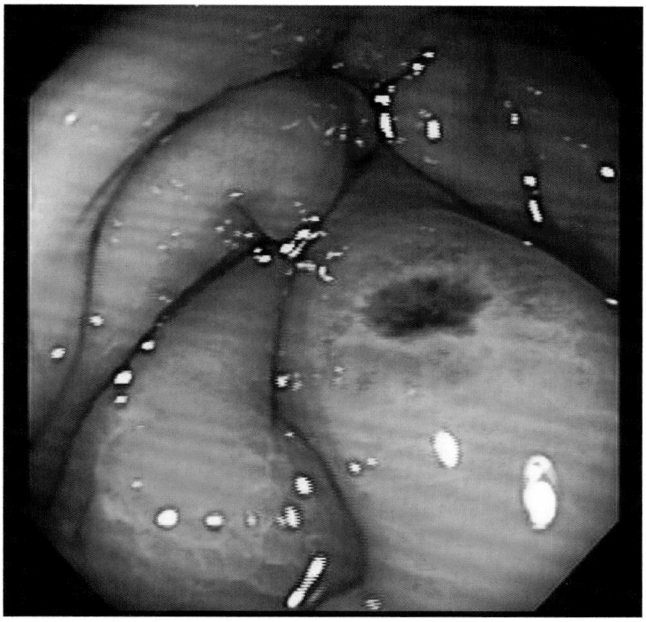

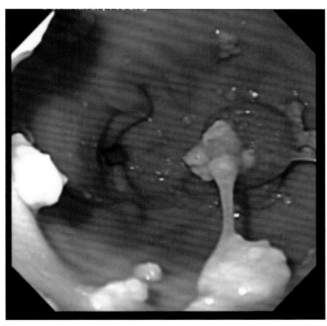

图4.8　患犬胃部存在的溃疡。活检应在边缘进行，应避免坏死中心

图4.9　胃窦是胃部包含幽门括约肌的区域，通向十二指肠。由于肌肉组织坚韧，在幽门周围的活检样本往往较小。在影像的右侧还存在息肉状肿块

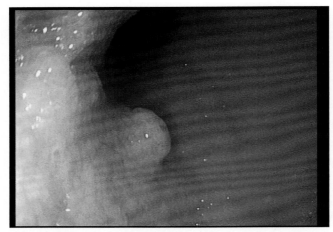

图4.10 在影像中间看到十二指肠大乳头，位于距幽门约5cm处。十二指肠小乳头也位于此处。应避免对该区域进行活检

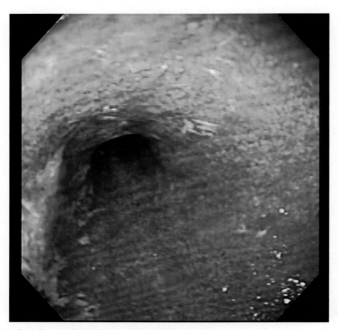

图4.11 患犬十二指肠黏膜异常。注意黏膜壁的颗粒感增加和充血

- 颗粒度
- 脆性
  - 内镜接触导致过多出血
  - 活检后异常出血
- 肿瘤可能会阻塞
- 淋巴管扩张

- □ 外观
  - – 乳白色黏膜表面
  - – 内镜接触后容易脱落
  - □ 通过组织病理学诊断疾病严重程度
- 活检样本退化（请参见样本收集和处理）
- 进行活检后，去除胃和食道中的空气
- 鼓励内镜兽医完成内镜检查报告

使用内镜治疗食管狭窄

可以使用内镜治疗食管狭窄，也可以用内镜诊断和评估狭窄的严重程度，并引导球囊扩张器导管的放置。应告知动物主人，狭窄扩张手术应每隔2～4d进行一次或直到临床症状（反流等）减轻并且狭窄明显减少时。

技术人员在狭窄治疗中起着关键作用——准确记录狭窄部位、长度、所用扩张器/导丝的尺寸、是否会造成胃过度扩张。技术人员还讨论营养需求和住家管理要求。

手术步骤
- 全身麻醉
- 左侧卧位
- 右犬齿上开口器
- 确认狭窄
  - ○ 测量
    - ■ 狭窄位置
      - □ 从鼻头至狭窄
    - ■ 总狭窄长度
      - □ 使用内镜放置扩张器后
  - ○ 病灶内注射皮质类固醇
    - ■ 内镜注射针通过活检管道
      - □ 将药物预先装入针头；用盐水注射
    - ■ 向周围四个点注射
    - ■ 剂量：0.4mg/kg或每个点0.5～1.0mL
  - ○ 球囊扩张
    - ■ 将润滑良好的扩张期放置在狭窄部位
      - □ 选项——导丝与内镜并排放置，并放在能看到狭窄的位置，然后使球囊扩张器通过导丝
    - ■ 球囊扩张器的中间点放置在狭窄部位中间点，如图4.12所示

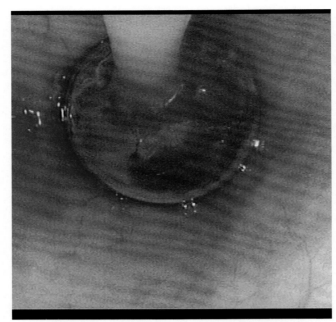

图4.12　球囊扩张治疗食管狭窄。盐水用于球囊充胀，以达到该部位的放射状压力。每次处理后应仔细监护食道是否有穿孔情况。在该部位可以看到少量的血性分泌物

- ■ 用膨胀装置膨胀到建议的压力点；请参考球囊包装说明或内镜兽医的建议
- ■ 保持放射状压力1～3min
  - □ 由于狭窄部位过于狭窄，可能需要增加放射状压力和/或使用更大的球囊扩张器
- ■ 观察
  - □ 大量出血
  - □ 脆弱黏膜撕裂
  - □ 食管穿孔
- 记录，以备将来使用
  - ◦ 球囊尺寸
  - ◦ 压力测量
  - ◦ 时间长度
- 去除胃和食管中的空气和过多的液体

内镜取出异物

内镜检查可安全去除食管和胃中的许多异物。对于大多数异物，内镜检查是外科手术的首选手术方法，因为侵入性小且康复时间短。

最初在X线片上观察到的异物如果超过8h以上，应再次进行X线片检查。有些异物会进入十二指

肠且需要手术或监护，并且有可能已经通过消化道而无并发症。食管中残留的异物，例如骨头、鱼钩或生皮咀嚼物嵌入食管上很疼痛，应尽快取出。有毒物质如硬币（1982年后铸造的便士硬币会造成锌中毒）和其他金属物质也应尽快去除。光滑或较大的圆形物体（例如玉米芯和重物）很难通过食管下括约肌，因此不应尝试用内镜取出。胃中食物过多使异物的可视化和取出变得困难。如果可能的话，手术应当推迟。

与宠物主人沟通术后并发症至关重要。患病动物去除食管异物后应监护是否有食管狭窄迹象，例如吞咽困难、疼痛和反流。这些患病动物可能还需要营养管理，在某些情况下，可能需要放置造瘘胃管直到该部位愈合。如果内镜取异物不成功，则可能需要外科干预，这可能需要额外的麻醉时间并增加费用。

有多种器械可用来取出不同类型的异物。实际的异物去除手术可能仅需要很少的时间，特别是已经通过影像学识别物体并且可以使用适当的器械来正常处置。内镜兽医和技术人员应以团队的方式进行此手术——确切地知道何时在异物周围打开和/或关闭器械可以把漫长而困难的手术变得短暂且容易成功。

患病动物准备与食管胃十二指肠内镜检查相同。食管异物会阻止空气通过口腔逸出，因此请注意胃扩张。当在食管中发现异物时，应首先评估周围的黏膜，并在仔细监护下吹入空气。如果激进处理或压力过大，异物周围受损的黏膜可能会撕裂。

在食管内操作异物取出钳通常很困难。将异物小心地推入胃中有助于更牢固地抓取，或者让胃中的胃液消化物体（骨头，生皮咀嚼物等）。

有经验的兽医知道不同物体该使用哪种钳子。知道如何及在何处抓取异物以通过食管下括约肌也是一项需要及时掌握的技能，这需要内镜兽医与技术人员之间良好的沟通配合。一旦牢牢抓住异物，应将钳子退回，将异物尽可能移动到靠近内镜的位置，技术人员用一只手握住钳子，用另一只手保持钳子在活检管道端口上的张力。通过这种操作，可以将内镜/异物作为一个整体取出，从而更容易穿过食管下括约肌和食管上括约肌（UES）。

手持的软质取出钳包含椭圆形圈套、鼠齿和三齿或四齿抓钳。这些钳子大多数为一次性使用，因此至少购买两种钳子。带有褶皱或凸起的边缘或有隆起的物体（参见图4.13）最容易去除——其边缘很容易被鼠齿或分叉的抓钳抓住（参见第1章）。尝试套住锋利边缘的物体，使其锋利的边缘处于被抓握部分的后面。如果用单环钳子将物体夹住时掉落在食管中，则可能需要一个有齿的抓钳才能将其带出口腔，因此配备各种各样的取出钳很有必要。鱼钩应小心取出，一旦释放鱼钩，大口径直肠内镜钳和长柄腹腔内镜钳可以在鱼钩从黏膜中脱离后防止其勾到黏膜。中间有孔的圆环状物体可以使用取出钳将胶带或尼龙缝合线的一头穿过孔，接着再抓紧另一头，然后小心地将其从口腔中取出。必要时可以将内镜用作视觉辅助器械。

X线片并不总是可靠的，特别是在怀疑有多个异物或物体不可透射线的情况下，因此，请确认胃内所有区域是否有任何隐藏的物体。取出内镜之前，请清除胃中的所有空气。确实记录所有异常发现。有可疑区域也可进行活检。

有关异物取出手术的更多详细信息，请参见推荐阅读列表。

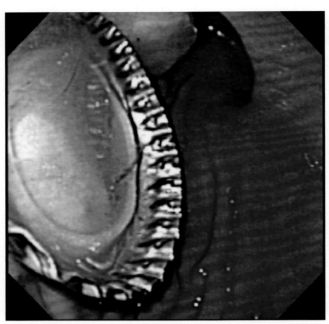

图4.13   患犬胃体部的金属瓶盖和岩石。瓶盖很容易用鼠齿取出钳取出来（请参见第1章），因为起皱的边缘可提供牢靠抓取。单环圈套器用于取出岩石

经皮内镜下胃造瘘管放置

经皮内镜下胃造瘘（PEG）管用于那些消化道蠕动正常却不能满足热量需求的患病动物。经皮内镜下胃造瘘管在全身麻醉下放置在动物体内，因此可能有必要先放置鼻饲管以稳定虚弱的患病动物。经皮内镜下胃造瘘管的放置和处理需要内镜兽医和技术人员配合来完成。

与动物主人讨论有关经皮内镜下胃造瘘管的护理至关重要。装有经皮内镜下胃造瘘管的患病动物需要投入大量时间照顾——调配食物、饲管喂食和饲管护理，每天要进行2次或3次。不小心将经皮内镜下胃造瘘管取下被认为是紧急情况，应立即就诊。动物主人宣传册很有用，应概述如何通过经皮内镜下胃造瘘管喂食，以及喂多少和可能的并发症。

不建议使用内镜在大于20kg的犬身上放置经皮内镜下胃造瘘管，因为胃的重量会导致胃黏膜从经皮内镜下胃造瘘管上脱落（这些患病动物的经皮内镜下胃造瘘管可以通过外科手术放置）。如果未及时发现，意外喂食可引起腹膜炎。如经过8~12周的时间，皮肤与胃壁之间形成了小孔，可以用低剖面胃造口术设备（LPGD）代替经皮内镜下胃造瘘管。

手术步骤
• 全身麻醉
• 右侧卧位

- 从背侧放至胃窦
- 剃毛和外科刷洗——左侧
  - 最后两根肋骨，包括左翼
- 内镜进入胃
  - 可视化胃窦
  - 吹气分离胃和体壁
- 选择经皮内镜下胃造瘘口的部位
  - 技术人员用无菌手套在最后一根肋骨旁边施加适当压力
  - 最佳部位胃窦/体壁交界处
  - 预穿线针/导管——1–0缝合材料
- 18Fr针或静脉导管插入胃壁并完成肉眼可见3～4cm的缝合
  - 在插入之前将内镜稍微退回
- 活检钳夹住缝合线末端，将内镜/钳子作为一个整体从患病动物体内一起拉出
  - 技术人员从缝合线和患病动物身上取下针头，并帮助引导缝合线穿过小孔
  - 将活检钳放在缝合线的两末端，以防止意外移动到胃中
  - 将内镜固定在手术台上
- 在缝线末头侧端作4cm的固定环
- 将经皮内镜下胃造瘘管上的环穿过缝合环
- 将经皮内镜下胃造瘘管的另一端完全穿过经皮内镜下胃造瘘环
  - 大量润滑结和经皮内镜下胃造瘘管
- 技术人员轻轻地将缝合线拉过造瘘部位
- 当经皮内镜下胃造瘘管到达造瘘部位时，在缝合线附近仔细切开造瘘部位
- 内镜应跟随经皮内镜下胃造瘘管的末端通过食管，并观察是否正确放置在胃壁上
  - 观察是否出现胃黏膜苍白和出血过多。经皮内镜下胃造瘘管应自由旋转，如图4.14所示
- 手术后去除胃中的空气
- 将缓冲器放在皮肤附近的经皮内镜下胃造瘘管上
  - 可以将尼龙扎带小心地放在缓冲器上方以固定到位（用剪刀剪掉多余的尼龙扎带；使用尼龙扎带枪会堵塞管道）
  - 切口处管道周围放置2cm×2cm无菌纱布
- 在缓冲器上方的管道周围画一条线
  - 给动物主人提供参考点，以监护管子是否移动
- 将塑料夹放在经皮内镜下胃造瘘管上方，并固定到管中间
  - 防止食物流出管道
- 将管子切成所需的长度，并在管道末端放置饲喂适配器；用尼龙扎带固定
- 从前肢穿上弹力织物/T恤，覆盖经皮内镜下胃造瘘管

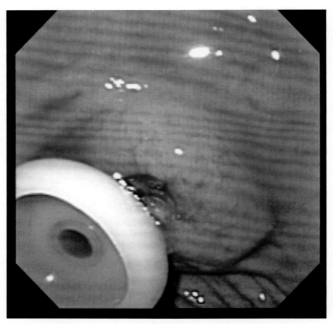

图4.14　经皮内镜下胃造瘘管置于胃窦内。内镜在造瘘管附近进行操作以检查是否正确放置，不应观察到胃黏膜苍白，造瘘管可以自由旋转且不紧贴胃壁

　○ 患病动物清醒时可能更容易放置
• 需一直佩戴伊丽莎白圈

样品收集与处理

　　胃肠道活检的目标很简单，即诊断样本，这需要良好的活检技术。内镜兽医和技术人员之间的交流是必不可少的，尤其是在没有摄像机的情况下。创建一个安静的环境，避免分心，并使用诸如"打开"和"关闭"之类的基本词语。

　　消化道活检通常在十二指肠开始，在内镜退回时进行取样。活检采样技术就是将端头转向插入十二指肠黏膜，然后使用内镜吸引将样本吸入钳子。十二指肠尾端弯曲也可以是一个良好的活检部位。在同一部位进行再次活检（称为"双重咬合"）可提供更深层的样本。建议从十二指肠取8～10个活检样本。活检时避免十二指肠乳头（胰管开口）。切勿在没有可视化的情况下进行活检，这很容易使钳子进入十二指肠太远而看不到活检的部位。

　　胃的活检应以系统的方式进行，看似正常的黏膜在组织学上可能是重要的。每个区域应采集3或4个诊断性活检样本，即幽门区域、胃窦、胃体和贲门。避免直接对幽门和食管下括约肌进行活检。严重异常区域活检样本应与正常外观的样本分开。幽门周围的活检可收获较小的样本，因为它由坚韧的平滑肌组成。皱褶和切迹为活检钳咬入较大的样本提供了一个脊，如图4.15和图4.16所示。有一种较

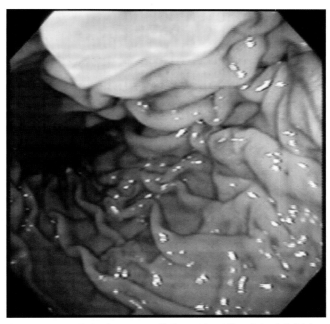

图4.15 活检时胃中的皱褶。稍微让胃部紧缩可显示绝佳位置进行活检以获得诊断样本

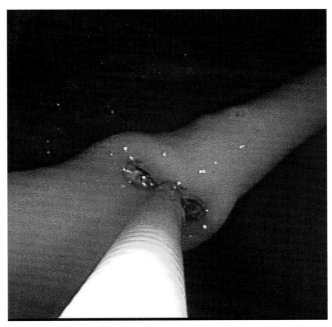

图4.16 胃角切迹提供了胃活检的首选区域。内镜可以很容易地操作以达到平行活检钳的位置。如果使用反折或J形操作，则要先将活检钳放在器械管道中

好的技术可以尝试，在胃中使用软质钳子，然后将钳口向后移，使它们靠在内镜上。然后，内镜兽医将钳子推入黏膜并进行活检。对坚硬的食管组织进行活检特别困难，即使使用有尖刺的肺活检钳也只能取到非常小的样本。

要从钳子上取下活检样本需要打开钳子，并用25Fr的针小心取出样本。如果要将样本放在采样盒里，最好将样品的切口端朝盒子放置，以便在处理样本时可以检查整个绒毛。将活检样本接触载玻片几次制作细胞学切片。

尽管不是常规的操作，但也可以使用抽吸管套件获得十二指肠中的液体，用于培养和/或细胞学检查。

样品应标明患病动物身份信息，活检编号，位置，内镜兽医和手术日期。除非另有规定，否则消化道活检样本应放在福尔马林溶液中。

患病动物术后护理

将内镜从患病动物体内安全取出后，应检查口腔是否有食道反流。如果存在，则应将其从食管吸出或灌洗，然后去除开口器。术后应考虑使用止痛药（请参见第3章）。

并发症

消化道壁穿孔虽然很少见，但还是可能发生，可能是由于粗暴使用内镜或黏膜损伤造成的，尤其是在溃疡区域、食管狭窄或异物去除部位周围更易发生。过度充气会导致胃过度扩张，如果不及时治疗会导致心动过速和低血压，并伴有持续的并发症。拔管后应密切监护患病动物是否有胃扩张/扭转。在去除异物或食管球囊扩张期间，可能会发生大血管破裂。

在食管胃十二指肠内镜检查手术中，内镜管道可能会被堵塞，尤其是在存在过多食物并使用吸引的情况下。术后应立即进行内镜冲洗。

推荐阅读

[1] Martin-Flores,M.,Scrivani,P.V.,Loew,E.,Gleed,C.A.,andLudders,J.W.(2014)Maximaland submaximal mouth opening with mouth gags in cats: implications for maxillary artery blood flow. *Vet. J.,* **200(1)**,60–64.

[2] Radlinski, M.G. (ed.) (2009) Endoscopy. *Vet. Clin. North Am. Small Anim. Pract.,* 39(5), 817–992.

[3] Tams, T. and Rawlings, C.A. (2011) *Small Animal Endoscopy,* 3rd edn. Elsevier Mosby, St Louis, MO, pp. 41–215.

第5章　下消化道内镜检查

Susan Cox

结肠内镜检查可以看到大肠，其中包括盲肠和升结肠、横结肠和降结肠段，并在直肠和肛门处终止。回肠内镜检查的是回肠，即小肠的远端部分。直肠内镜检查仅检查降结肠段。结肠内镜检查通常作为食管胃十二指肠内镜检查（EGD）的辅助措施，但也可以根据大肠临床症状单独进行。患病动物下消化道（GI）的内镜检查通常在外科手术之前进行，以确定肿块的确切位置和长度。技术人员在获取诊断样本以及患病动物准备中起着举足轻重的作用。

患病动物准备

首先，需要将患病动物体内粪便排尽。干净的结肠有利于获得更好的视野、诊断性样本和设备保护。所有进行了下消化道内镜检查手术的患病动物均应在手术前一天早上住院，并在入院前禁食一夜。犬应关在大围栏中自由跑动；猫应放在大笼子里，里面有猫砂盆可随时使用。

如果将要进行直肠内镜检查，则在检查前一整天温水灌肠2~3次，每次剂量为5~10mL/kg。大直径（14~18Fr）的红色橡胶导管带有导管端头的60mL注射器，适用于猫和小型犬，一次性灌肠袋可用于大型犬。润滑的导管应易于滑入结肠，并随着导管缓慢拉回的同时进行给药。高渗磷酸盐灌肠剂禁用于猫，因为它们会引起高钠血症和高磷酸盐血症。许多其他商业灌肠溶液中的添加剂会改变黏膜结构，应避免使用。

进行结肠内镜检查/回肠内镜检查需要使用口服结肠制剂排空粪便才能进行完整的下消化道检查。Osmoprep®磷酸钠1.5g片剂（Salix Pharmceuticals, Raleigh, NC, USA）已得到广泛使用。建议在手术前一天口服，剂量为每3kg服用1g药物，每4~6h1次。由于采取的方法是将体液从身体中引入结肠，因此应始终给动物供水，并应考虑静脉注射液体。灌肠溶液，例如CoLyte®（Alaven Pharmaceutical, Marietta, GA, USA）或者GoLYTELY®（Braintree Laboratories, Braintree, MA, USA）也可使用。这些制剂包含电解质补充剂和聚乙二醇，这些可以充当渗透剂。在犬中，这些制剂通过胃管给药，在手术前24h内以20~30mL/kg的剂量给药3~4次，在手术前4h内给药1次。在猫中，可以放置鼻饲管，并在手术前一天用注射泵以10~20mL/kg的剂量给予溶液2次。在结肠内镜检查的前一天以及术前2h内，都可以给予犬和猫温水灌肠。

应密切监护接受结肠内镜检查的患病动物是否有呕吐、腹胀、胃扭转和可能的吸收溶液的迹象。装有鼻饲管的猫应戴上伊丽莎白圈。一定要确保患病动物在下一次服药前已排便。还应定时遛犬。

设备和器械

软质内镜用于结肠内镜检查，而硬质乙状结肠内镜（即直肠内镜）可用于直肠内镜检查。乙状结肠内镜套组相对便宜，并且根据患病动物的体型有几种直径和长度可选，如图5.1所示。除了在结肠中使用外，乙状结肠内镜还可以用于食管异物去除。乙状结肠内镜套组中包括一个闭孔器、一个球形吹入器和一个光源接头，如图5.2所示。还有一些适配器使用耳内镜手柄作为光源。也可以使用连接

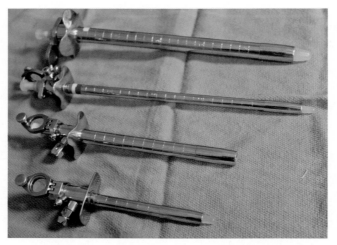

图5.1　不同直径和长度的直肠内镜和乙状结肠内镜。25cm长的内镜也可用于去除食管异物

图5.2　19mm×25cm直肠内镜，带闭孔器，光源连接手柄和球形吹入器

到金属底座的一次性塑料乙状结肠内镜插入管（Welch Allyn, Skaneateles Falls, NY, USA）。子宫或腹腔内镜活检钳可以在乙状结肠内镜管腔内操作获取比软质活检钳更大的活检样本。如果存在过多的粪便，可使用Scopettes®（Birchwood Laboratories, Eden Prairie, MN, USA）的大号棉签通过插入管开口来观察结肠黏膜。

软质消化道内镜必须具有吸引和空气/水的功能，并且必须配备四向偏转功能，以便在横结肠和降结肠的弯曲周围以及回肠插管时更容易操作。

外径10mm，工作长度2m，活检管道为2.8mm的胃内镜适用于大多数中型和大型犬。对于猫和较小型的犬，外径7.9mm、活检管道2mm和工作长度1.4m的胃内镜就足够了。

如果遇到了结肠狭窄，则可采用球囊扩张。应多准备几种尺寸的球囊扩张器，并带有可选的球囊膨胀装置以测量放射状的压力。

结肠内镜检查最好在有格栅面的手术台上进行，以方便术后患病动物和附近区域的清理。所有相关人员均应穿着防护服、手套和鞋套。如果怀疑有人畜共患病，则应实施传染病方案。

框5.1列出了下消化道内镜检查所需的完整用品清单。

框5.1　设备清单

- 内镜
  - 硬质（乙状结肠内镜检查），带有吹入器和照明连接器
    - 大号棉签
  - 软质——空气/水/吸引正常工作
- 部件台
  - 监护设备开启
  - 摄像机或影像处理器和光源
    - 录入患病动物信息
    - 按下空气/供气按钮
    - 按下点亮按钮
      - 进行白平衡
  - 连接水瓶和吸引器
  - 影像捕获
- 录入患病动物信息
- 软质活检钳
- 防护服，检查手套，鞋套
- 球囊扩张器，± 带盐水膨胀装置用于球囊膨胀
- 活检用品
  - 活检盒
  - 福尔马林瓶/培养基
  - 活检针用于转移样本至活检盒
  - 活检处理的实验室表格
- 润滑包/管
- 使用医用纱布或胶带包裹尾巴
- 胃管用于缓解胃扩张
- 记录术中观察的内镜检查报告

手术步骤

结肠内镜/回肠内镜

- 全身麻醉
  - 有痛手术
  - 保护内镜/器械
- 左侧卧位，如图5.3所示
  - 更好的视野
    - 使液体积聚在降结肠
- 尾巴用弹性纱布和自粘绷带材料包裹，确保远离肛门
- 直肠指检
  - 触诊肛门部位是否有梗阻性肿块、损伤、肛周疝或狭窄
  - 评估内镜是否可以安全通过
- 内镜进入直肠
  - 润滑插入端头
  - 技术人员可能需要使用一块方形纱布用手按压内镜周围的肛门区域，以获得足够通气实现管腔视野

图5.3　结肠内镜检查的摆位。患病动物左侧卧位。长尾巴可以用医用纱布向头侧包裹起来

- 在弯曲处的"滑过"技术
  - 降/横和升/横
    - 可能会暂时失去管腔内视野
  - 猫科动物——在弯曲处的角度较小
- 盲肠/回结肠瓣/回肠
  - 盲肠像是一个盲袋
    - 肿块、盲肠翻转、肠套叠和寄生物的主要部位
  - 强健的括约肌进入回肠（如图5.4）
    - 在猫中表现为缝隙状，在犬中呈玫瑰花状
    - 如果很难将管插入回肠
      - 使用活检钳作为导丝
        - 钳子夹住黏膜；引导内镜通过回结肠瓣
      - 如果不成功，可进行盲活检
      - 请注意，向回肠内吹气会导致胃内气体积聚；手边要随时有胃管
- 直肠/肛门
  - 大于10kg的犬可以尝试反折视角
    - 如果进行活检，则在进行反折操作之前先将活检钳放在管道中，并在内镜拉直时取出

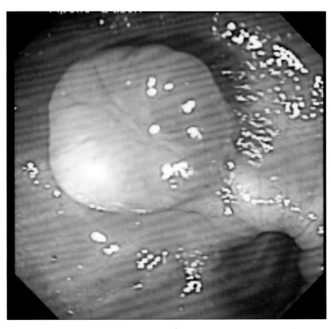

图5.4　回结肠交界处，即回肠与盲肠相邻部位的玫瑰花形开口。也应探查盲肠以检查是否有肿块

- 外观
  - 大体正常（如图5.5所示）
    - 黏膜应看起来光滑，呈粉红色，反光并在黏膜内明显可见脉管系统
    - 结肠吹气容易充盈膨胀
    - 内镜接触不应引起黏膜出血
    - 少量/没有粪便存在
  - 异常发现
    - 易碎、溃疡和糜烂的黏膜
    - 黏膜下看不到血管则可能指示浸润性疾病
    - 息肉，如图5.6所示
    - 腺癌，如图5.7所示的肿块可能是梗阻性的
- 遇到结肠狭窄
  - 评估
    - 狭窄的原因——肿瘤等
    - 外科干预/球囊扩张
  - 球囊扩张
    - 扩张器与内镜并排放置，并在内镜引导下置于狭窄中部
    - 使用膨胀装置注入盐水使球囊膨胀

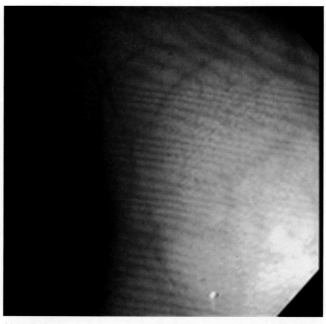

图5.5　结肠大体正常，结肠黏膜显而易见，表明术前准备充分。黏膜光滑且呈淡粉红色，吹气容易充盈膨胀。黏膜下血管清晰可见

□ 查阅扩张器包装上的膨胀指南

□ 观察是否有黏膜出血、撕裂或穿孔

□ 可以使用多种尺寸，因为狭窄有所减轻

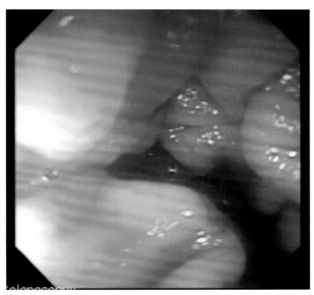

图5.6　犬出现呕吐和腹泻1个月。尽管吹入了气体，但结肠内镜检查时管腔很难扩张。组织病理学发现淋巴瘤

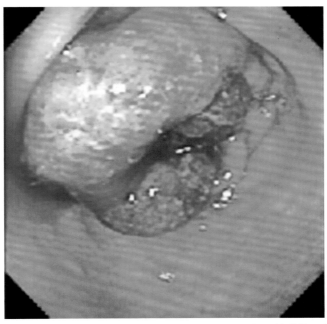

图5.7　犬出现便血和大肠腹泻。术中进行了结肠内镜检查，发现并切除了梗阻性肿块。病理诊断为腺癌

- 活检
  - 如前所述（请参阅样本收集和处理）
- 鼓励内镜兽医完成报告

硬质直肠内镜检查

- 仅检查降结肠
- 重度镇静或全身麻醉
- 俯卧位或右侧卧位如图5.8
- 进行直肠指检
  - 可能触及肿块，梗阻性损伤或肛周疝
- 将带有闭孔器的乙状结肠内镜小心地穿过直肠进入结肠
  - 良好润滑
- 移除闭孔器
- 玻璃窗拧入到位
- 球形吹入器连接到内镜
- 结肠吹气
  - 技术人员可能需要用手按压肛门周围以得到足够的吹气或管腔视野
  - 观察识别活检部位并获取活检
  - 在直肠内镜上使用厘米测量尺来记录肿块位置

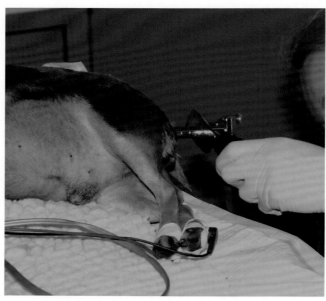

图5.8　直肠内镜的摆位。将患病动物置于右侧卧位，后肢远端朝手术台的尾端

- 鼓励内镜兽医完成内镜检查报告
- 进行内镜清洁

样本收集与处理

结肠内镜检查收集活检样本与食管胃十二指肠内镜检查手术相似。如果回肠插管不成功，则可以进行盲活检。内镜兽医应操作内镜以直视回结肠瓣。然后，闭合的钳子可以滑过瓣口并进行活检。结肠弯曲可使黏膜垂直于活检钳，这是诊断样本的理想部位。如果存在过多的粪便，则可能需要进行两次咬合才能获得代表性的样本。由于大直径钳子可以穿过宽口径的直肠内镜，因此使用直肠内镜进行活检取样可以提供更大的远端结肠样本。使用软质钳子进行直肠内镜活检需要内镜兽医在技术人员操作内镜时将钳子保持在直肠内镜内。一旦确定了活检部位，将钳子弯曲到黏膜上并进行活检。活检时可能会发生钳子轻微拖拽，这是正常现象。使用硬质钳进行活检时应谨慎，因为较大的杯状钳口可能会穿透病变/坏死的结肠黏膜并需要外科手术干预。

回肠活检应与结肠活检样本分开放置，结肠中遇到的肿块/损伤活检应与大体正常的结肠活检样本分开，放在单独的活检盒/福尔马林罐中。图5.9展示了来自食管胃十二指肠内镜检查和结肠内镜检查的活检样本。

由于活检钳的性质，内镜结肠活检样本仅对结肠的前两层（黏膜层和黏膜下层）取样。重要的是将活检样本放置在活检盒上，使黏膜下层朝向活检盒。处理样本后，载玻片将包含2个黏膜层。

术后患病动物护理

进行回肠内镜检查后，要用一根胃管去除胃中空气和残留的结肠溶液。检查口腔是否有任何反流，如果有，可能需要用吸引器或医用纱布块清除残留物。拔管前清洁并用毛巾擦干肛周区域。保持

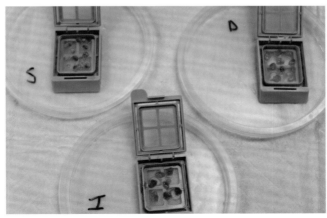

图5.9　根据活检位置放置活检样本的活检盒。每个标记好的活检盒放置在一个单独贴有福尔马林标签的活检瓶中

尾部包裹将有助于患病动物在手术后感觉舒适。腹泻和积气是常见的结果。应告知动物主人下消化道内镜检查后会出现便血现象，并可能持续24～48h。

并发症

使用结肠灌洗液可能会引起吸收、胃胀气、呕吐和胃扭转。准备进行结肠内镜检查的犬应有机会跑步，猫应住在带有猫砂盆的大笼子中，并进行持续监护。

内镜检查时，回肠吹气可能在手术过程中导致胃中积气。胃管可用于去除空气。

活检病变黏膜后出现穿孔或出血很少见，但应考虑。

推荐阅读

[1] Atkins, C.E., Tyler, R., and Greenlee, P. (1985) Clinical, biochemical, acid–base, and electrolyte abnormalities in cats after hypertonic sodium phosphate enema administration Am *J. Vet. Res.,* **46(4)**, 980–988.

[2] Lieb, M., Baechtel, M., and Monroe, W. (2004) Complications associated with 355 flexible colonoscopic procedures in dogs. *J. Vet. Intern. Med.,* **18(5)**, 642–646.

[3] Richter, K.P. and Cleveland, M. (1989) Comparison of an orally administered gastrointestinal lavage solution with traditional enema administration as preparation for colonoscopy in dogs. *J. Am. Vet. Med. Assoc.,* **195(12)**, 1727–1731.

[4] Tams, T. and Rawlings, C.A. (2011) Small Animal Endoscopy, 3rd edn. Elsevier Mosby, St Louis, MO, pp. 217–232.

[5] Willard, M. (2001) Colonoscopy, proctoscopy and ileoscopy. *Vet. Clin. North Am. Small Anim. Pract.,* **31**, 657–669.

第6章　　上呼吸道内镜检查

Susan Cox

全面的上呼吸道内镜检查 (UAE) 包括左右鼻腔（鼻内镜检查）、鼻咽（鼻咽内镜检查）、喉部（喉内镜检查）和口腔。如果内镜检查前发现有病理指征，可用计算机断层扫描 (CT) 或 X线片来辅助定位损伤/肿块的位置，以便进行下一步准确的诊断活检，同时可以评估筛状板。根据临床症状，可以在不进行鼻内镜检查的情况下做喉内镜检查，或者如果在进行手术时发现疾病进程改变，可以增加气管内镜检查/下呼吸道检查。应当注意的是，为了防止发生呼吸紧急情况，在尽量减少外部干扰的情况下将所需设备和人员集合起来很重要。

与内镜兽医讨论手术并制定总体方案。喉内镜检查对于评估喉部功能可能是必要的，并且必须在插管前轻度麻醉的状态下进行。喉部活检最好在气管插管就位的情况下进行，以防发生出血。然后可在鼻内镜检查前进行鼻咽内镜检查，以便鼻腔结构能充分显示。

患病动物术前准备

除常规麻醉禁食外，上呼吸道内镜检查的患病动物不需要特殊的术前准备。上呼吸道检查需全身麻醉。上呼吸道手术时，患病动物应采取俯卧位，如图6.1所示。卷起来的毛巾或枕垫放置在颌下以抬高头部，上下犬齿使用两个开口器以保护器械。开口器可在进行吻侧鼻内镜检查前取出。

眶下神经阻滞有助于术中和术后的疼痛管理。阻滞可在麻醉诱导后进行。操作指南参见第3章。

此外，进行吻侧鼻内镜检查前，在口腔后部放置湿润的手术棉或纱布块，以吸收鼻咽部流出的多余液体。应定时检查纱布块，必要时进行更换。在患病动物的前额贴上一块带标签的胶带或在包上缠一根彩色带子并把带尾放在口腔外，这些都可作为拔管前要取出纱布块的视觉提示。应将吸水垫或毛巾放在地上，以便于术后清洁。

设备和仪器

在上呼吸道手术中使用硬质和软质的内镜。需要硬质的内镜来观察喉部和吻侧鼻腔部。市面上可买到的硬质鼻内镜的外径为2.7mm，长度为18.5cm，视角为0°或30°，如图6.2所示。对于吻侧鼻内

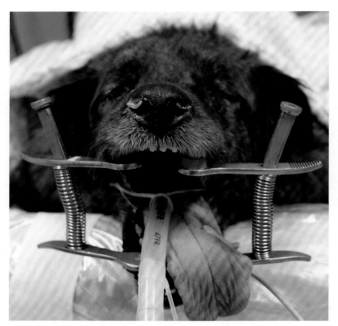

图6.1　用于上呼吸道检查的俯卧位，两个开口器放在上下犬齿上

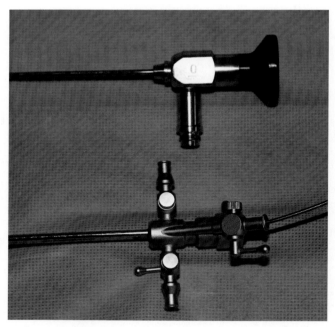

图6.2　上边是一个带有光缆连接件的硬质可视内镜。护套（如图所示）与可视内镜匹配，并锁定在底座上。连接生理盐水注入和吸引/引流的端口从侧面伸出，可以用控制杆打开/关闭，器械管道位于背面

镜检查，器械护套可以放在可视内镜上，包括冲洗、吸引连接件的端口，2.0mm的器械端 口只能用于1.8mm的器械。增加护套会使可视内镜的外径增加到17.5Fr，但是这可能过大，无法适应小型犬和大多数猫的鼻腔。如需冲洗，可将装满盐水的注射器连接3.5～8Fr的红色橡胶导管，并放在可视内镜的旁边。如需大量冲洗，应检查纱布块并按需更换。

　　软质内镜用于鼻咽内镜检查，也可用于吻侧鼻内镜检查，尤其是在进入额窦的情况下（鼻旁窦内镜检查）。5～5.3mm外径，2mm的操作管道是犬科或猫科患病动物的理想尺寸，特别是从软腭后反折观察鼻咽时。一旦发现任何异物都可以尽快去除，只需将软质活检钳穿过活检/吸引管道。硬质鳄口钳还可与可视内镜并排通入鼻腔内，以便取出植物芒或种子等异物。硬质杯状活检钳（如图6.3所示）杯状钳口有2mm、3mm和4mm，可用于吻侧鼻腔和喉部肿块/损伤的活检。随着时间的推移，这些钳子可能会变钝，应根据需要磨尖。

　　框6.1列出了进行上呼吸道诊断性检查所需设备的完整清单。

手术步骤

- 插管前观察喉部功能
  - 正确评估声带是否外展
    - 轻度麻醉
      - 需要充分的深呼吸才能正确评估

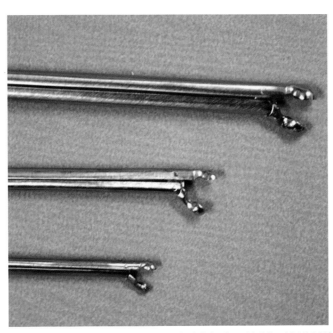

图6.3　杯状活检钳有2mm、3mm和4mm大小的活检杯口。当特定部位必须进行可视化活检时，这种硬质钳子与可视内镜一起并排使用。根据使用情况，活检钳杯口应定期磨尖

框6.1　上呼吸道诊断性检查所需内镜设备

- 内镜
  - 软质——鼻咽内镜检查/吻侧鼻内镜检查
  - 硬质（±护套）——喉内镜检查/吻侧鼻内镜检查
- 部件台
  - 监护仪打开
  - 摄像机/处理器和光源
    - 录入患病动物信息
    - 按下点亮开关——光源
      - 进行白平衡
    - 可选吸引连接件
      - 在小直径内镜的控制部分
  - 影像捕获
    - 录入患病动物信息
- 活检器械
  - 软质钳子
  - 硬质杯状活检钳——2mm、3mm、4mm
- 硬质鳄口异物取出钳
- 2个开口器
- 眶下神经阻滞
- 头靠枕垫/沙袋
- 0.9%生理盐水冲洗
  - 如果出血过多，可将 1L袋装0.9%生理盐水置于冰水浴中
  - 注射器
  - 3.5～8Fr红色橡胶导管
- 手术棉
- 利多卡因凝胶
- 氧甲唑啉滴剂用于血管收缩
- 非抑菌润滑剂包
- 冰袋
- 大号棉签
- 活检所需材料
  - 右鼻腔，左鼻腔，鼻咽活检盒
  - 标有患病动物信息的活检罐
  - 提交实验室表格
- 记录术中观察的内镜检查报告

- 团队成员观察胸部起伏，并告知内镜兽医患病动物何时处在吸气阶段
- 手边备好盐酸多巴胺盐用于促进深而均匀的呼吸
- 方案可参见第3章
- 所有人员可使用喉内镜或可视内镜进行观察
- 如果有指征，可用硬质可视内镜进行简短的近端气管内镜检查
- 气管插管

- 喉内镜检查
  - 两边呈对称性
    - 注意黏膜颜色，是否有黏液过多、水肿/感染
    - 有指征则活检
- 口腔检查
  - 扫查扁桃体是否有异物，检查舌下，触诊软腭
- 鼻咽内镜检查
  - 解剖学
    - 鼻后孔——双侧开口至鼻腔，被犁骨分隔开
  - 将舌头向头侧拉出，颈部伸长
  - 软质内镜入口腔后在软腭上方弯曲
    - 若患病动物强烈刺激，则可能需要暂停手术，直至获得深度麻醉
      - 将利多卡因凝胶涂在口咽部，利于内镜反折
    - 显示器上影像反转——上/下，左/右
    - 标准外观如图6.4所示。
      - 淡粉红色
      - 黏膜下血管明显
      - 短头颅患病动物的鼻后孔可表现为黑色或可见鼻甲

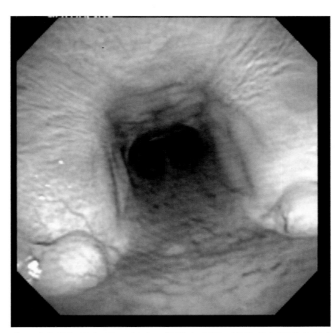

图6.4　犬的鼻咽大体正常。动物的摆位如图6.1所示。软腭在腹侧，影像的左侧为犬的右侧。鼻后孔（暗区）连接鼻道和鼻咽

- ■ 注意异物，黏膜颜色，肿块（参见图6.5），狭窄
  - ▫ 第一时间清除异物
  - ▫ 猫科动物需注意息肉
- ■ 活检/取出
  - ▫ 在弯折内镜前将活检钳穿过管道
    - – 减少管道上的磨损和撕裂
  - ▫ 助手伸出钳子进行活检
    - – 活检完成后，取下钳子前，放松内镜的弯曲，以避免管道穿孔
  - ▫ 检查口腔后部是否有大量出血
- • 吻侧鼻内镜检查
  - ○ 出现以下情况可以使用软质内镜
    - ■ 适当尺寸用于鼻腔
    - ■ 可以进入额窦
  - ○ 湿润的手术棉或纱布块放在口腔后部吸收残余液体
    - ■ 检查气管插管的气囊是否充分膨胀
  - ○ 测量从眼角内侧到鼻头所需内镜长度，如图6.6所示，用胶带标记
    - ■ 提醒内镜检查兽医注意筛状板的位置，筛状板是大脑和鼻腔之间的一块薄骨

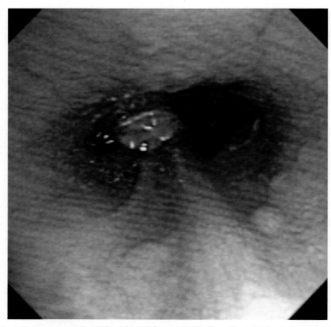

图6.5　犬右鼻后孔肿块，将软质的活检钳穿过软质内镜进行活检。将内镜弯折进入鼻咽之前，需将钳子送入活检管道。组织病理学显示为骨肉瘤

　　　　　□ 可能会被真菌性疾病或肿瘤破坏
- 如果确定病变，则应首先进入未病变的鼻腔检查，然后进入病变一侧
  - 标准外观如图6.7所示
    □ 将鼻腔分为腹、中、背3部分
    □ 鼻甲排列在一起

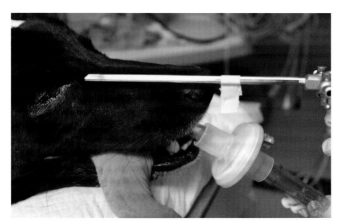

图6.6　用硬质可视内镜从鼻头到眼角内侧测量长度并用胶带标记。这个标记提醒内镜兽医在到达筛状板之前鼻内镜的进入距离。图6.11展示了同样标记的可视内镜和活检钳

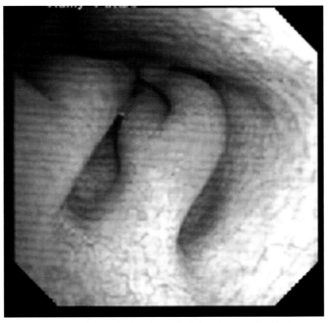

图6.7　左侧鼻腔内大体正常的鼻甲。正常外观的鼻甲紧密排列在一起，呈淡粉红色

- □ 呈淡粉红色
- □ 存在少量液体（液体应被清除）
- ○ 因为鼻甲易损，先检查腹侧面，然后向上检查
  - 注意如图6.8所示的异物（应第一时间移除）、肿块（参见图6.9）、黏膜颜色（充血）、鼻甲结构/缺失和真菌斑块（参见图6.10）
  - 如果牵连鼻旁窦（肿瘤，真菌病），可能需要鼻窦内镜检查或鼻环锯术
  - 如果视图丢失，则指示吸引/盐水冲洗
    - □ 冷0.9%生理盐水或羟甲唑啉滴剂慢慢注入两个鼻腔引起血管收缩
      - 若筛状板受损，请勿使用
    - □ 可冲洗多余黏液物质进行治疗
- ○ 鼻腔查看后进行活检
  - 最好在可视下活检
    - □ 软质钳穿过护套
      - 能看到钳口时才打开钳子
    - □ 如图6.11所示，硬质钳与可视内镜并排
- ○ 手术完成后，取下医用海绵/纱布块
  - 检查口腔是否有过多的积液——使用吸引器、大号棉签

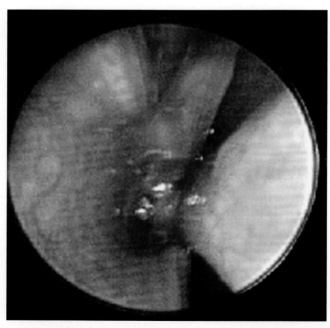

图6.8　鼻腔中见植物芒。用硬质的鳄口活检钳与可视内镜并排进入或用软质活检钳穿过护套以可视化方式去除最好

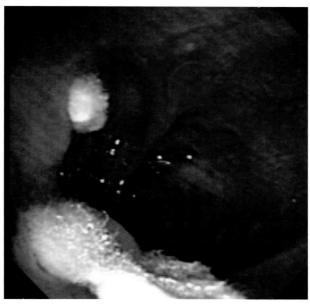

图6.9　鼻腔中的曲霉菌属，背景为额窦。这种真菌可表现为白色至黄色的丝状斑块，并导致筛状板，鼻中隔和鼻甲骨的破坏

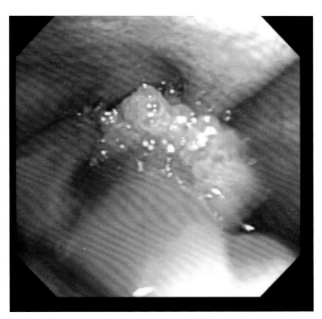

图6.10　在犬两个鼻腔都发现了息肉样癌。注意周围鼻甲颜色和质地的区别。如图6.11所示，进行可视化下活检才是正确诊断的最佳机会

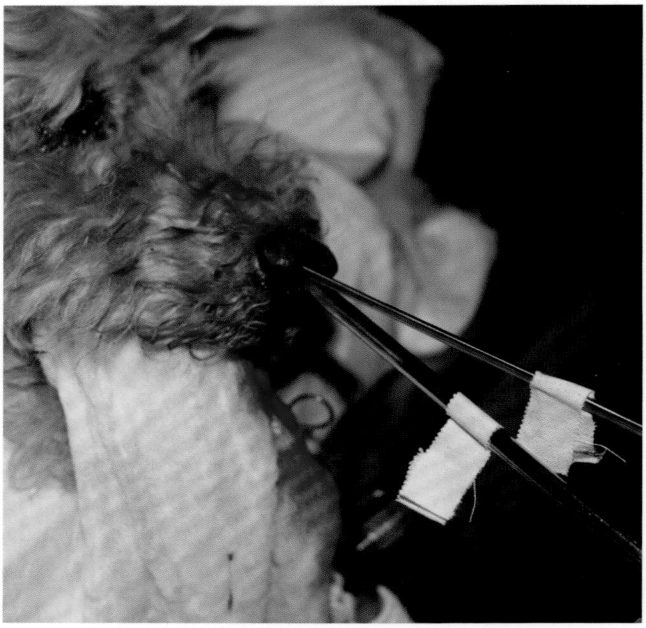

图6.11   右侧鼻腔可视化活检。将有护套的可视内镜首先穿过即可观察到病变区域。此时将活检钳与可视内镜并排穿过，即可进行活检

- 如怀疑有牙齿疾病，可以进行牙科探查
  - 摆位用腹背位
- 如果出血过多，可在鼻子上敷冰袋；延迟恢复直到主动出血停止
- 鼓励内镜兽医完成内镜检查报告

样品收集和处理

上呼吸道活检，尤其是在鼻腔，可能很有挑战性，主要是由于鼻黏膜易损和随之而来的可视化丢失。首先从肿块损伤中以可视化方式获取活检样本是必要的。如果发生出血，需大量冷0.9%生理盐水冲洗或等待出血停止再进行，可提供更高概率获取诊断性样本。收集的样本可进行组织压片，以便在放入福尔马林罐之前立即进行细胞学评估。待活检的疑似病变/肿块要放在单独的活检盒/福尔马林罐中，然后将较小的样本放在活检盒中并做好标记。

对于提交用于真菌培养/鉴定的样本，直接可视化活检比盲法或刷样更可取。可疑的真菌样本应放在单独的活检盒中，并将一个额外的样本放在无菌容器中，如红头管（RTT），或与参考实验室核对以获得其建议。

患病动物术后护理

当拔出气管插管时，保留气囊一部分膨胀，以便残留的液体从气管中带出。进行上呼吸道内镜检查手术的患病动物，在苏醒过程中应放置在观察笼中，观察笼应尽量避免过多的接触。其中许多患病动物都会伴有血性分泌物和连续喷嚏，因此最好在观察笼周围有一个清空区域。对于这些动物来说，缓慢康复是最合适的。

并发症

在上呼吸道手术期间和之后可能出现出血或鼻出血。患病动物应住院并监护，尤其是观察到过度出血时。应告知动物主人，鼻出血在出院后预计还要持续5~7d。由于过多的液体流出也可能造成吸入性肺炎，因此仔细监护口咽部是否有过多的液体积聚是必要的。过分的操作不当也可能导致喉部组织炎症，需要医疗处理。如果筛状板不完整，可能会并发脑炎，需要立即进行干预。

推荐阅读

[1] DiLorenzi, D., Bonfanti, U., Masserdotti, C., Caldin, M., and Furlanello, T. (2006) Diagnosis of canine aspergillosis from cytological examination; an evaluation of 4 different collection techniques. *J. Small Anim. Pract.* 2006, **47(6)**, 316–319.

[2] Johnson, L.R. (2010) *Clinical Canine and Feline Respiratory Medicine.* Blackwell Publishing, Ames, IA, pp. 20–27.

[3] Tams, T. and Rawlings, C.A. (2011) *Small Animal Endoscopy,* 3rd edn. Elsevier Mosby, St Louis, MO, pp. 563–577.

第7章　　下呼吸道内镜检查

Susan Cox

下呼吸道内镜检查（LAE）从气管开始进行检查（气管内镜检查），然后继续检查各个气道（支气管内镜检查）。这是一种重要的侵入性手术，涉及的患病动物往往出现呼吸挣扎。因此，关键是要在有限的麻醉时间内尽可能组织好下呼吸道内镜检查手术，建议以团队形式来完成该手术，指定合格的人员各执行一项任务。例如，指派一名团队成员进行麻醉诱导和监护，另一名成员负责监护内镜设备。这种方法可以让内镜医师将注意力集中在患病动物身上，并有效地进行手术。

支气管内镜检查的一个优点在于虽然这是一个很短的手术，但也意味着很短时间内即可获得诊断信息。在对支气管肺泡灌洗（BAL）液进行细胞学检查和培养以及定位肿块或异物的位置等方面，有着重要的诊治帮助。支气管内镜检查也可以与开胸术同时配合进行，或者在荧光内镜的指引下放置气管支架。

患病动物术前准备

所有的下呼吸道内镜检查手术都需要全身麻醉，所以患病动物需要进行常规禁食。至少在诱导前10min通过面罩给氧，如果正在评估喉部功能，应把氧气面罩靠近患病动物放置。患病动物采用俯卧位，头靠毛巾卷或沙袋，如图7.1所示。

设备和仪器

软质内镜主要用于下呼吸道内镜检查，而硬质可视内镜可用于查看近端气管。大多数支气管内镜均有双向偏转（上/下），而小口径四向偏转胃内镜可用于大型犬。雄性犬膀胱内镜检查所用的外径2.9mm×100cm的尿道内镜可用于小型犬和猫科动物，并有器械管道进行支气管肺泡灌洗和异物取出。猫和小型犬支气管内镜最常见的尺寸是外径5～5.5mm，工作长度55cm，器械管道1.2cm。大型犬（>25kg）需要至少90cm的工作长度和2.0cm的器械管道用于1.8mm器械。在购买支气管内镜时，找一个模型，它的器械管道端口能与注射器口紧密贴合。该特性为最大程度的支气管肺泡灌洗液取出创建了更好的密封条件。

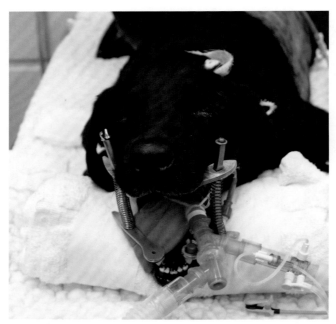

图7.1   呼吸道内镜检查的患病动物摆位方法。该犬俯卧位放置。两个开口器用来保护内镜。短的气管插管可以固定在头后或鼻上。支气管内镜检查适配器的特写如图7.2所示

支气管内镜检查不应使用吸引空气/水功能。不经意地向小气道内吹气会造成远端肺泡鼓胀，而吸引会损伤或撕裂脆弱的肺黏膜。

氧气输送可以用多种方法来完成。对于能够承受7.5Fr或更大号气管插管的大型犬，如图7.2所示，可将定制的气管适配器（Sontek Medical, Hingham, MA, USA）连接到位于喉外的短气管插管（Surgivet, Dublin, OH, USA）。适配器侧面的端口连接麻醉气体和二氧化碳废气管。内镜穿过适配器和导管进入气管。这种安排可以让内镜医师在氧气/吸入麻醉气体通入的情况下有更好的视野观察气管。麻醉适配器不能用于外径小于6mm的内镜，否则会损坏内镜。对于小型犬和猫，喷射呼吸机通过大口径（14~16mm）导管和内镜并排放置，并使用恒速输注可注射的麻醉剂，效果良好，这些内容已在第3章深入讨论。虽然通过活检管道放置氧气管也能适配，但是这样活检管道就不够通过器械或支气管肺泡灌洗液。

肺活检钳有一个开孔的杯状钳口，中心带有尖刺，用来活检坚韧的支气管组织。在使用时，一定要确保钳子的末端离开了活检管道。异物可用带杯口的活检钳取出。

用20mL注射器抽取0.9%的温生理盐水，按预先确定的量进行支气管肺泡灌洗。在手术开始前，应准备好几支预先充满注射器。内镜外部的润滑剂应尽量少，因为润滑剂会干扰细胞学分析。在重新插入内镜之前，大号棉签可用于清除适配器上的碎屑。

气管腔的狭窄还是比较少见的，通常需要立即干预。应该使用带有膨胀装置的小直径球囊。

框7.1中列出了一份完整的所需物品清单。

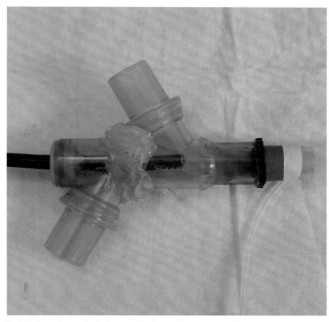

图7.2　2个定制的适配器融合在一起，当内镜通过气管插管时，可以输送氧气和吸入麻醉剂并可连接废气管。适配器中还包含2个软质的滤过膜

手术步骤

- 预先吸氧
  - 面罩10min
  - 所有团队成员聚集在一起，专注于手术
  - 准备好内镜/可视内镜
- 插管前评估喉功能
  - 轻度麻醉
  - 动物呼吸时评估杓状软骨的运动
  - 静脉注射多沙普仑可作为呼吸兴奋剂（参见第3章）
  - 插管/氧气导管放置
- 简短口咽检查
  - 左右侧上下犬齿有2个开口器
  - 检查扁桃体（参见图7.3）
    - 扁桃体隐窝进出口、炎症、异物
  - 触诊软腭/硬腭

- ◦ 看看舌头下面/周围
- 气管内镜检查
  - ◦ 轻度润滑内镜远端插入端头周围
    - ▪ 过度润滑会干扰细胞学检查结果
  - ◦ 内镜插管时，助手可能需要向头侧拉长舌头
  - ◦ 背侧膜保持在背侧
  - ◦ 标准外观参见图7.4
    - ▪ 圆形管状结构

框7.1　下呼吸道内镜检查设备

- 合适的内镜
  - ◦ 如果同时进行喉内镜检查，则使用硬质内镜
  - ◦ 软质内镜
  - ◦ 氧气/麻醉剂输送系统
    - ▪ 喷射呼吸机
    - ▪ 适配活检管道的氧气
    - ▪ 气道适配器
- 部件台
  - ◦ 打开显示器
  - ◦ 摄像机/光源/处理器
    - ▪ 录入动物信息
    - ▪ 关闭吹入器
    - ▪ 吸引/水瓶未使用
    - ▪ 点亮/开灯
      - ◻ 白平衡
  - ◦ 影像捕获
    - ▪ 录入动物信息
- 2个开口器
- 异物取出钳
- 肺部活检钳
- 支气管肺泡灌洗用品
  - ◦ 无菌0.9% 生理盐水
  - ◦ 20mL注射器
  - ◦ 选项——吸引捕捉器
- 带内膨胀装置的气囊扩张器
- 活检用品
  - ◦ 组织盒
  - ◦ 福尔马林罐
  - ◦ 用于无菌样本的红头管/采样管
- 无菌润滑油包
- 0.9%盐水湿纱布
- 提交实验室表格
- 记录术中观察的内镜检查报告

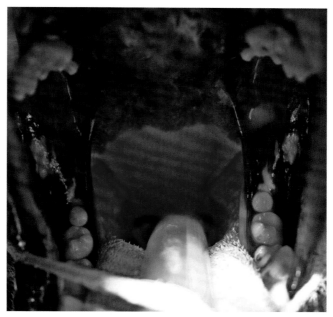

图7.3　大型犬俯卧位时进行口腔检查。注意扁桃体在扁桃体隐窝内，软腭易触诊，舌头可以移动还可以寻找肿块、异物等

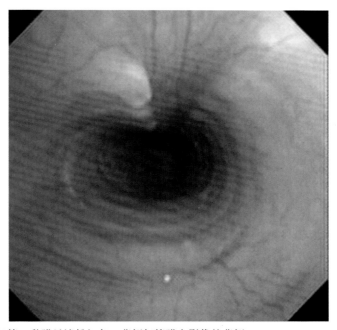

图7.4　犬大体正常的气管。黏膜呈淡粉红色，背侧气管膜在影像的背侧

- 淡粉红色
- 脉管系统稍微明显
  - 观察
    - 气管塌陷
      - 主要见于小型犬
      - 评估并记录严重性
        - 1级约25%正常至塌陷
        - 2级约50%
        - 3级约75%，如图7.5所示
        - 4级约100%
    - 黏膜颜色——淡粉红色是标准的
    - 肿块、狭窄、异物，如图7.6和图7.7所示
      - 第一时间去除/活检
      - 可能指示要用球囊解除狭窄
    - 液体存在
      - 记录总量和透明度
  - 气管隆突

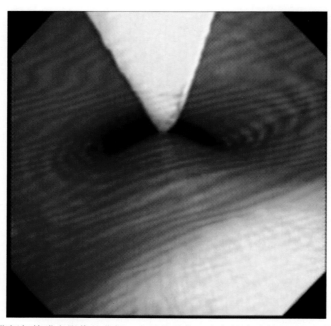

图7.5　犬气管塌陷。背侧气管膜在影像的背侧，犬呈俯卧位。白色的为喷射呼吸机插管。气管塌陷评分为3级（75%）。该患病动物有支气管气道塌陷

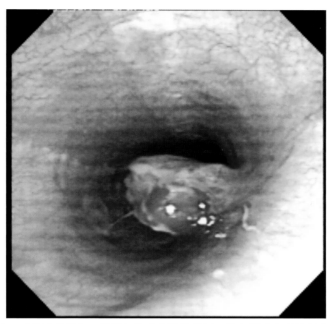

图7.6 犬气管尾侧肿块。动物呈俯卧位，背侧气管膜在影像背侧。使用带激光功能的内镜配合二极管激光去除肿块。组织病理学显示为良性肿块

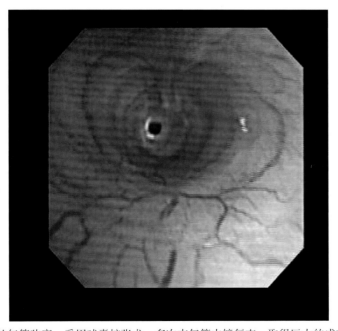

图7.7 猫科患病动物的气管狭窄。采用球囊扩张术，多次支气管内镜复查，取得巨大的成功

- - 分开左右主支气管
    - 评估对称性、肿块和液体积聚
- 支气管内镜检查
  - 系统方法
    - 放大图7.8和图7.9，连接到显示器并用作参考
  - 影像反转——右侧在显示器左侧
  - 观察
    - 标准外观如图7.10所示
      - 黏膜呈淡粉红色
      - 有少量分泌物
      - 气管呈圆形
      - 血管易见
    - 异常
      - 气道扩张，也称为支气管扩张，如图7.11所示
      - 气道塌陷，定义为支气管软化症，如图7.12所示
        - 严重性以百分比记录

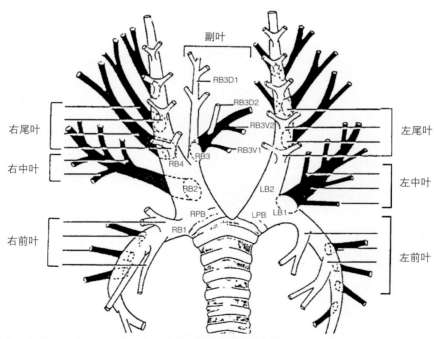

图7.8　图示犬支气管树。建议在进行支气管内镜检查时对此图复制和调整大小作为参考（来源：经许可转载自 Amis, T.C. and McKieman, B.C. (1986) Systematic identification of endobronchial anatomy during bronchoscopy. *Am. J. Vet. Res.*, 1986, **47(12)**, 2649‑2657. ）

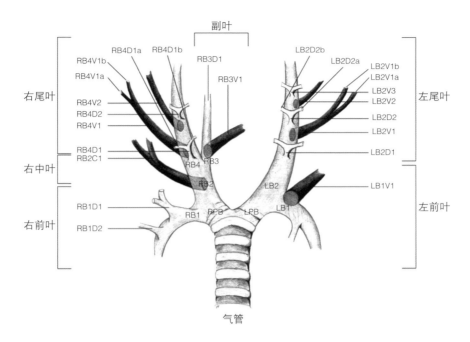

图7.9 图示猫支气管树。建议在进行支气管内镜检查时对此图复制和调整大小作为参考（来源：经Sage许可转载自Caccamo, R., Twedt, D.C., Buracco, P., and McKiernan, B.C. (2007) Endoscopic bronchial anatomy in the cat. J. Feline Med. Surg., **9(2)**, 10. Copyright © 2007.）

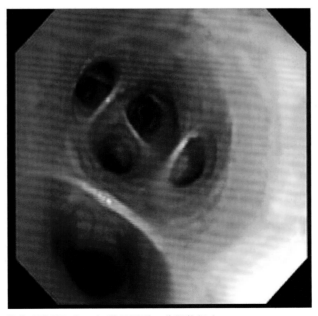

图7.10 患犬正常肺野。黏膜呈淡粉红色，气道呈圆形，分泌物极少

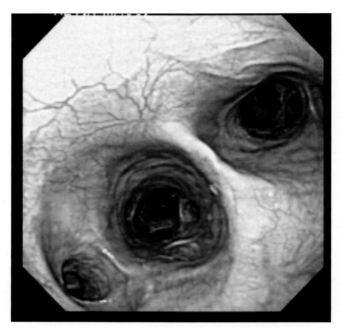

图7.11 犬支气管扩张。通常由于慢性炎症，近端气道开口增大。还应注意肺黏膜血管增多

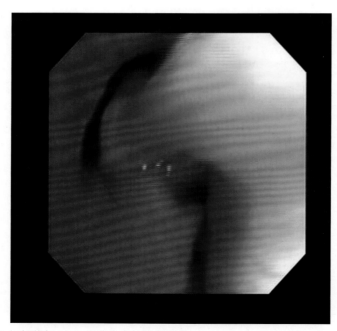

图7.12 犬的气道塌陷（对照图7.4），也称为支气管软化症

- ▫ 肿块/异物
  - – 第一时间去除
- ▫ 化脓性物质如图7.13所示
- ▫ 分泌物较多
- ▫ 黏膜充血
- ▫ 寄生虫
- ○ 评估气道进行支气管肺泡灌洗位置
- ○ 取出内镜
  - ■ 冲洗活检管道——0.9%无菌生理盐水，然后通入空气
  - ■ 擦拭插入管——盐水浸泡的医用纱布/海绵
  - ■ 清洁适配器的滤膜
- ○ 仔细重新进入进行支气管肺泡灌洗，用小刷子进行细胞学取样
  - ■ 避免黏膜污染
- ○ 支气管肺泡灌洗
  - ■ 用20mL注射器抽取无菌0.9%生理盐水预先确定量，通过活检管道进入楔形气道进行支气管肺泡灌洗
  - ■ 用3~5mL空气清洁管道

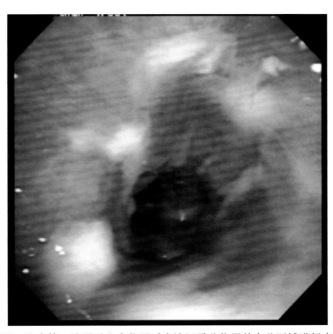

图7.13　犬肺中黏液积聚。注意第一遍通过这个位置时应该记录此位置并在此区域进行支气管肺泡灌洗。进行支气管肺泡灌洗之前，应将内镜从患病动物体内取出，用盐水浸泡的纱布擦拭，并冲洗器械管道

- ■ 轻柔地将液体吸回注射器
    - □ 可选与活检管道相连的吸引捕获器
  - ■ 如用注射器感受到负压，应通知内镜医师
  - ■ 回收液应含有一层泡沫（表面活性剂）——确认与肺泡腔接触，如图7.14所示
  - □ 视情况进行牙科探查
- • 鼓励内镜医师完成报告

样本收集和处理

　　每个支气管肺泡灌洗样本都应该贴上患病动物信息和回收部位。用于培养的样本可以合并，从每个样本中取几滴放在一个无菌的红头管（RTT）中提交实验室送检。活检组织放在样本盒和福尔马林罐中。保护刷细胞学样本用他们原来的包装提交，或将刷头切断放置在一个红头管中提交。

动物的术后护理

　　使用喷射呼吸机或使用导管输送氧气的患病动物可以使用标准的气管插管，并在术后给氧至清醒；如果能耐受的话，也可以在拔管后使用面罩给予流动氧气。手术后的危重患病动物可能需要移到氧箱中。

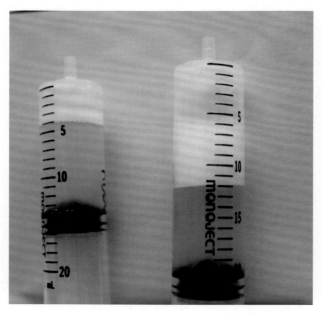

图7.14　支气管肺泡灌洗样本，表面活性剂（白色泡沫）出现在注射器液体的顶部，表示与肺泡腔有效接触

并发症

由于手术产生的应激，患病动物会出现咳嗽和气道梗阻力增加，要对它们进行仔细监护。氧气、气管插管和喉内镜应随时准备好，直到患病动物可以走动。

推荐阅读

[1]　Johnson, L.R. (2010) *Clinical Canine and Feline Respiratory Medicine. Blackwell Publishing,* Ames, IA, pp. 27–37.

[2]　Tams, T. and Rawlings, C.A. (2011) *Small Animal Endoscopy,* 3rd edn. Elsevier Mosby, St Louis, MO, pp. 339–359.

第8章 泌尿生殖道内镜检查

Susan Cox

膀胱内镜过去在临床上并没有受到太多的重视，直到近些年开发出较小直径的内镜和器械，这使设备变得更物有所值，并适用于其他手术，如鼻内镜检查和喉内镜检查。住院兽医在教学医院接受膀胱内镜检查方面的培训，并有能力在私人诊所为越来越多的患病动物实施这一手术。他们是需要技术援助、需要在术前和术中知道如何操作设备并进行故障排除的技术人员，同时是需要为内镜兽医记录结果的技术人员。

膀胱内镜检查用于查看阴道、尿道口、尿道、膀胱和输尿管口。直接可视化、放大或最佳照明只是相对于侵入性外科手术的几个优点。其他微创手术，如激光碎石术、尿道支架植入术和篮形工具取石术等均可使用膀胱内镜进行。

设备和器械

软质内镜（也被称为超薄内镜）用于雄性犬和猫的膀胱内镜检查。为兽医市场专门制造的膀胱内镜，其外径为2.5mm，长度为70~100mm，带有1.2mm的器械管道，用于0.8mm直径的配件。这种膀胱内镜适用于任何可以用8Fr导管插入的犬。一根控制杆用于远端头的上/下运动，以获得更广阔的视野，对于膀胱内可视化尤其重要。全光纤内镜在控制部分也有光缆连接件，摄像机通过C形夹连接在观察镜头上。这些超薄内镜现在也可配备视频技术。这种可调试的内镜也可用于小型（小于7kg）犬和猫的支气管内镜检查。虽然不建议将内镜放置在盒子里，但是由于超薄内镜的易碎特性，所以在兽医环境中，保存在内镜盒里可能是最稳妥的位置。只需在存放之前确定内镜完全干燥（尤其是器械管道）。

雌性犬、猫需要一个硬质可视内镜来进行膀胱内镜检查。带护套的外径尺寸范围为2.8~6.5mm（8.5~19.5Fr）。中间尺寸为3.5mm（10.5Fr），长度为18cm，器械管道为1.2mm（3.6Fr）。25°的视角允许一个视野检查膀胱内更大的范围。

对于内镜下经子宫颈给雌犬授精需使用较长的膀胱内镜。工作长度为29cm，外径4mm（12Fr），视角为30°。护套连接到桥接装置上，桥接装置上有供液体和活检器械使用的端口。6Fr或8Fr的聚丙烯导尿管适用器械管道，用于授精。如果内镜在手术前需要润滑，请确保润滑剂无杀精作用。

为了使泌尿道特别是尿道充分可视化，膀胱镜必须有输注/去除液体、取出结石或异物、活检肿块或损伤的端口。软质膀胱内镜有活检管道用于冲洗和取出。记住，这些内镜的管道尺寸很小，很难找到适配的活检钳，不应使用机械吸引，因为这可能会使管道塌陷。用于雌性犬的硬质膀胱内镜具有与工作长度相匹配的护套，并连接在底座上。护套提供两个端口，一个用于液体输注和取回，另一个具有活检/器械管道。

由于猫的许多下泌尿道疾病不需要使用膀胱内镜进行正确的诊断和管理，所以猫的膀胱内镜检查频率低于犬。猫的膀胱内镜检查与犬非常相似，但需要更小的内镜，如8.5Fr护套和18cm工作长度。专门为雄性猫定制的软质内镜外径为3.2Fr，工作长度为55cm。需要注意的是，有些膀胱内镜不能完全浸入水中进行清洗和消毒，如果不确定，请与制造商核实。

膀胱内镜检查应在无菌下进行。大多数硬性膀胱内镜和光缆均可进行高压灭菌（请与制造商核实）。不可高压灭菌的软质膀胱内镜应在手术前进行高效消毒剂消毒，并放置在无菌隔离巾上。摄像机和摄像机电线上使用无菌摄像机布覆盖，或与制造商核实摄像机灭菌指南。处理膀胱内镜的所有参与者均需要穿戴无菌手术衣和手套。活检钳、活检盒、导丝和其他相关设备也应无菌。

激光碎石术需要使用激光单元，通过内镜器械管道引入激光光纤。使用前，所有相关人员务必佩戴护目镜并回顾安全培训方案。除了内镜检查技术人员外，还必须指派一名经过培训的助手专门负责操作激光单元。当使用激光时，内镜兽医和助手必须保持交流。激光离内镜太近可能会导致高昂的维修费用。

膀胱内镜和附件精密且昂贵，多数制造商不会修复断钳。端口盖和导管导入器都是小包的，很容易丢失。建议有专门的推车或存放膀胱内镜检查设备的地方。

需要准备好一袋容量为1L的0.9%生理盐水进行冰水浴。在极少数情况下，可能会发生出血过多，导致视野丢失。通过内镜注入冰的0.9%生理盐水并注入膀胱可能有助于血管收缩。

框8.1中为一份完整的必需用品清单。

动物术前准备

为了患病动物的舒适和设备的安全，所有接受膀胱内镜检查的患病动物都需要全身麻醉。接受阴道内镜检查的患病动物应评估其疼痛耐受性，并可使用大剂量镇静剂或全身麻醉。对于经子宫颈导管受精（TCI）的动物，通常不需要镇静。患病动物保持站立姿势，1~2名助手站在手术台边。这些患病动物通常在发情期，似乎可以接受内镜微弱的不适感。

如果计划进行造影或荧光内镜检查，应在手术当天上午进行X线片检查，以确定结肠内是否有粪便。如有粪便，应进行温水灌肠。在麻醉诱导前，还应牵遛患病动物以观察小便，以确保手术开始时膀胱是空的。

框8.1 泌尿生殖道内镜检查设备

- 内镜
  - 雄性——软质膀胱内镜
    - 手术前高效消毒；放置在无菌布上
  - 雌性——硬质无菌4152可视内镜带鞘管
- 部件台
  - 打开显示器
  - 摄像机盒或处理器/光源
    - 录入患病动物信息
    - 打开光源/照明
      - 白平衡
  - 影像捕获
    - 录入患病动物信息
- 无菌光缆
- 无菌摄像机或带摄像机盖布（全光纤内镜）
- 带无菌台盖的大型手术台，用于器械
- 无菌软质活检钳
- 无菌活检管道端口盖
- 无菌洞巾/盖布
- 手术衣和手术手套
- 1L 0.9%生理盐水包
  - 液体管（雌性）
  - 带旋塞阀/注射器或压力袋和延长套组的液体管（雄性）
- 提前冰水浴0.9%生理盐水以防发生过量出血
- 剃毛和洗必泰擦洗液
- 稀释碘溶液/生理盐水溶液（冲洗雄性包皮）
- 无菌润滑包
- 无菌纱布
- 活检用品
  - 无菌活检组织盒
  - 结石收集容器
  - 红头管/采样管用于无菌样品培养
- 碎石术
  - 激光单元
    - 专门负责激光单元支持的助理
  - 所有人员戴激光安全眼镜
  - 适当尺寸的激光光纤
  - 不使用时，用盐水浸泡的手术巾将激光光纤固定在无菌区域
- 经子宫颈导管授精
  - 8Fr聚丙烯导尿管
  - 非杀精润滑剂
- 提交实验室表格
- 记录观察的内镜检查报告

手术室准备

对雌犬、雄猫和雌猫进行膀胱内镜检查时，内镜兽医坐在手术台的一头。患病动物的摆位取决于内镜兽医，可以是左侧或右侧位（如图8.1所示），也可以是背腹或腹背位。

雄犬需左侧或右侧卧位，内镜兽医站在手术台边。视频显示器的位置将指示设备台和内镜兽医的最佳位置。当内镜推进到下泌尿道时，助手也必须要有足够的空间来收回包皮并进行输液。

随着膀胱镜检查的进行，需要不断注入和回收0.9%的生理盐水。因此，这些手术最好在有格栅的手术台上进行。吸水垫放在地板上可保持该区域的清洁和防止意外事故。

将1L0.9%生理盐水袋悬挂在输液架上，并连接到内镜端口上。对于软质膀胱内镜（雄犬），在延长套组和主液体管之间放置三通旋塞阀。将注射器连接到旋塞阀上，助手从袋中抽出0.9%生理盐水，当膀胱内镜推入膀胱时通过液体管注入。这样可以使尿道充分膨胀，从而实现膀胱内镜的最佳可视化和安全通过。硬质膀胱内镜护套上的控制杆可以让内镜兽医控制液体进出。助手应密切注意注入液体的量，并根据患病动物的大小，每隔50～100mL通知内镜兽医。膀胱也应定时触诊，以免过度膨胀。气泡也会减弱泌尿道的可视化效果，应该避免。另一种替代旋塞阀输液的方法是在0.9%生理盐水袋上放置一个压力输液袋。

如果内镜兽医延误了，助手可以戴上无菌手套，为手术准备好膀胱内镜，即装上套管、液体管路和摄像机布等，并放置在无菌隔离巾上，避免过多的接触。

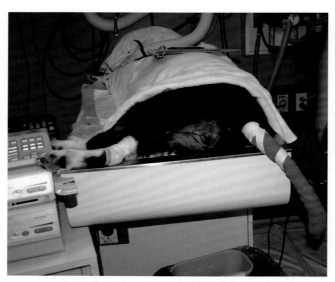

图8.1　雌性患病动物右侧卧位准备膀胱内镜检查。显示器放在桌子的左侧上方。尾部被缠绕包裹并固定在远离该区域的地方。会阴部小心地剃毛，术前准备并尽可能靠近桌子的末端

手术步骤

- 麻醉患病动物
- 在手术台上正确摆位
- 仔细剃毛并准备手术区域，如图8.1所示
  - 若以下部位被剃刀烫伤会导致恢复时间延长
    - 猫和雌犬——外阴/睾丸区
    - 雄犬——包皮
      - 用稀释的聚维酮碘或洗必泰溶液冲洗包皮
      - 确保后肢背侧远离手术区域
- 有孔创巾覆盖手术区域
  - 为保持设备的无菌性，也可能需要在患病动物身上覆盖创巾
- 内镜兽医
  - 如果使用荧光内镜检查，则在无菌手术衣里面穿铅衣
  - 如果使用激光则需要戴激光护目镜
  - 无菌手术服和手套，如图8.2所示

图8.2　内镜兽医坐在膀胱镜检查台的末端，为雌性犬做膀胱内镜检查。将洞巾放置在内镜检查部位上，内镜兽医穿着无菌手术衣和手套。手术台下面放一个容器，用来收集可视内镜排出的液体。可视内镜的特写如图8.3所示

- ◦ 手术台上的姿势
  - ▪ 雌性患病动物——手术台末端，坐下/站立
  - ▪ 雄性患病动物——手术台旁，显示器容易看到
- • 内镜
  - ◦ 准备好无菌光缆、无菌摄像机或摄像机无菌布，然后将摄像机连接到膀胱内镜上，如图8.3所示
  - ◦ 0.9%生理盐水输注
    - ▪ 软质内镜（雄性）
      - □ 将延长套组连接到活检管道
        - – 另一端为三通旋塞阀，接至液体管进行加压输注
        - – 在生理盐水袋上施加压力注入盐水
      - □ 硬质内镜(雌性)
        - – 液体管接至护套上的端口
        - – 延伸套组至对侧端口，用于液体引流
  - ◦ 无菌纱布覆盖端头，进行白平衡
  - ◦ 检查对焦，必要时调整
  - ◦ 使用纱布将无菌润滑剂涂抹在远端头/可视内镜
  - ◦ 活检端口盖接在活检管道端口

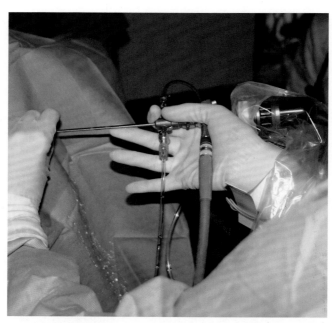

图8.3　将可视内镜小心地引入雌性患病动物体内。在摄像机和摄像机电缆上覆盖无菌布，将液体和排水管连接到可视内镜的对侧端口上。调节控制杆以限制盐水注入和流出。端口盖放置在内镜的器械管道上，也可以用控制杆打开/关闭

- 阴道内镜检查/膀胱内镜检查——雌性
  - 硬质膀胱内镜背侧插入，然后向头侧瞄准并进入阴道穹隆/前庭
  - 内镜兽医用手指封住膀胱内镜周围区域用于生理盐水膨胀
  - 阴道穹隆标准外观
    - 淡粉红色黏膜
    - 易于用盐水膨胀以获得最佳视野
    - 处女膜残体可将阴道入口一分为二
    - 尿道开口位于阴道的腹侧，呈纵切面状，如图8.4所示
  - 观察有无异物/黏液样物质/异位输尿管
  - 尿道标准外观
    - 正常黏膜呈淡粉红色，血管系统清晰可见
    - 黏膜皱褶容易用液体膨胀
  - 膀胱三角区
    - 寻找输尿管开口
      □ 位于膀胱黏膜开始和尿道结束的三角区背外侧，如图8.5所示
      □ 使用液体使其膨胀能更容易定位

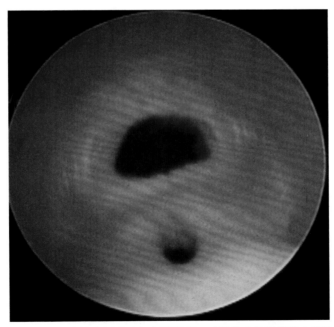

图8.4　阴道穹隆容纳阴道入口（较大的卵圆形腔）和尿道开口（影像中的腹侧较小的孔）。在某些情况，阴道开口可被处女膜残迹一分为二。异位输尿管也可见于这一区域，尿液从错位的输尿管"喷射"出来

- ■ 应能看到尿液从开口"喷射"出来
  - ◦ 膀胱
  - ◦ 可能需要排出尿液，并用0.9%的生理盐水代替，以便观察
  - ◦ 标准外观
    - ■ 用液体膨胀的情况下，黏膜淡粉红色，黏膜下血管明显
- 膀胱内镜检查——雄性犬
  - ◦ 助手收回包皮
  - ◦ 膀胱内镜插入阴茎并获得管腔内视图
    - ■ 助手输注液体以膨胀尿道管腔或使用压力袋
      - ▫ 记录注入量；按预定间隔通知内镜兽医
  - ◦ 尿道标准外观
    - ■ 淡粉红色，整个管腔形状均质
    - ■ 阴茎骨末端和前列腺尿道轻度狭窄
    - ■ 输注用0.9%生理盐水易于均匀膨胀
  - ◦ 膀胱三角区
    - ■ 找到输尿管开口
      - ▫ 位于膀胱黏膜开始和尿道结束的三角区背外侧，如图8.5所示
      - ▫ 使用液体膨胀更容易定位

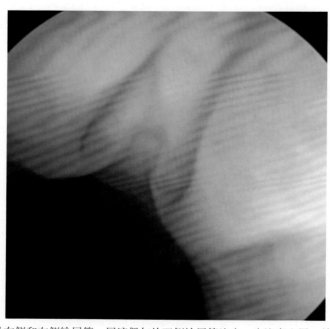

图8.5   膀胱三角区可见右侧和左侧输尿管。尿液偶尔从双侧输尿管流出。应注意血尿，并分为单侧或双侧

- ■ 应能看到尿液从开口"喷射"出来
  - ○ 膀胱
    - ■ 可能需要引流尿液，并更换为0.9%生理盐水进行可视化观察
    - ■ 黏膜浅粉红色，黏膜下血管明显，有液体膨胀
- 异常下泌尿道的发现
  - ○ 肿瘤
    - ■ 移行细胞癌
      - □ 常见于膀胱三角区
      - □ 可能是梗阻性的
      - □ 在尿道中呈隆起的肿块，有边缘状突起，如图8.6
      - □ 最常见雌犬感染
      - □ 在荧光内镜引导下放置尿道支架可以缓解病情
    - ■ 平滑肌瘤，腺癌和鳞状细胞癌也可见
  - ○ 炎症
    - ■ 尿道炎和膀胱炎表现为充血、增厚和黏膜壁水肿
    - ■ 在膀胱中观察到的膀胱瘀瘢，又称为膀胱出血，可能指示炎症过程，如图 8.7 所示
  - ○ 前列腺炎（雄性）
    - ■ 表现为前列腺部位黏膜"粗糙"和变色

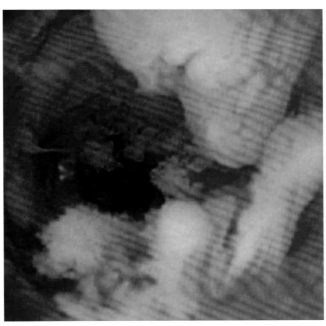

图8.6　犬尿道中的移行细胞癌。此肿瘤可引起完全的尿道梗阻，宠物主注意到犬伴有血尿和尿痛。使用介入放射影像学进行尿道支架植入术可以缓解病情

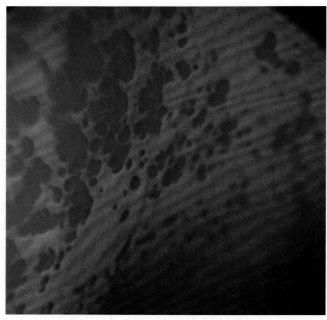

图8.7 膀胱炎症表现突起的出血区域，也称为膀胱出血。这些区域非常脆弱，如果被可视内镜擦破，可能导致膀胱内可视化丢失

- □ 可引起狭窄和完全梗阻
- ○ 尿道和膀胱结石
  - ■ 犬和猫均常见
  - ■ 从砂砾到石头大小不等，如图 8.8 所示
  - ■ 使用篮形钳取出小结石
- ○ 尿路结石碎片
  - ■ 篮形取出钳
    - □ 将闭合的钳子传递到石头的正上方，打开钳子，稍微回缩，将石头放入金属丝篮中，如图 8.9所示
    - □ 内镜缩回时，用0.9%生理盐水灌注膨胀尿道
    - □ 膀胱内镜及取石钳作为整体取出
      - － 切勿强行拖拽篮形钳穿过尿道
  - ■ 收集到无菌红头管/容器中
  - ■ 移除较大结石
    - □ 膀胱切开术
    - □ 激光碎石术
      - － 激光光纤通过器械管道传递

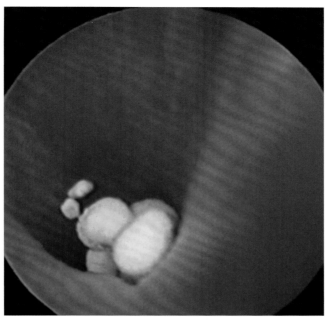

图8.8　雄犬尿道内可见大小不等的结石。这些石头可以用金属丝篮通过一个软质或硬质内镜的器械管道传递取出。取出内镜时应该看到带结石的篮子，以确保顺利取出

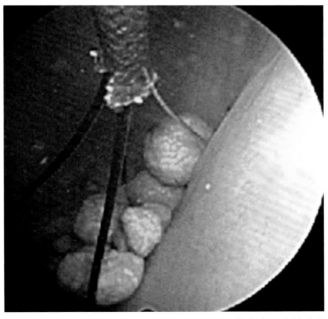

图8.9　篮形钳取出膀胱内的结石。根据石头的大小，可以在篮子里收集许多石头并取出。当篮形钳/内镜正在取出时，使用液体膨胀尿道对其在尿道的顺利通过至关重要

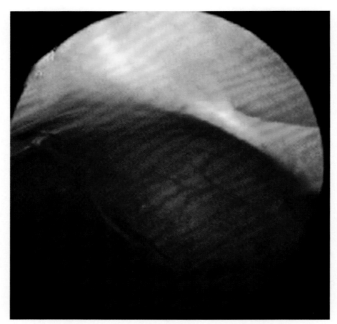

图8.10 输尿管异位——输尿管开口行迹并终止于尿道或异常结构，导致尿失禁。异位可影响单侧或双侧输尿管。用激光照射受影响的输尿管可减少尿失禁

    - 结石碎裂，可以用篮形钳或进行尿水推进排泄
- 输尿管异位
  - 输尿管不是进入膀胱三角区而是进入尿道或阴道（雌性），导致大小便失禁，如图8.10所示
    - 雌性发病多于雄性
    - 犬发病多于猫
    - 可为单侧或双侧
    - 在内镜引导下放置激光切断输尿管以重定位至膀胱三角区，这一微创手术对特定患病动物可能是有益的
- 肾性血尿
  - 可见血液从肾脏通过输尿管流出
  - 可能是特发性的
  - 通常是单侧的，但也可能是双侧的，在不同的时间点可以看到血液从输尿管流出
- 异物
  - 植物芒
  - 导管残迹取出
    - 篮形钳取出有效
- 活检，如图8.11所示

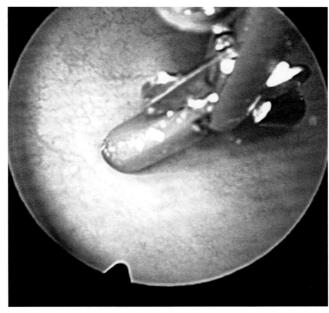

图8.11 膀胱内的活检钳。请注意，在打开钳子之前可以看到钳口

- ○ 使用前检查钳子的工作状态
- ○ 排空膀胱，形成褶皱
- ○ 活检样本小
  - 将样本放在无菌活检盒，培养基或红头管中
  - 收集至无菌红头管/容器中
- 鼓励内镜兽医完成内镜检查报告

经子宫颈导管插入术

- 患病动物站立，助手轻轻支撑后肢
  - ○ 犬主人可在场协助保持动物平静
- 8Fr聚丙烯导管置于器械管道
- 硬质可视内镜直接从背侧通过外阴进入阴道
  - ○ 发情期阴道腔呈海绵状
- 沿背侧正中皱襞至颅侧阴道/宫颈
  - ○ 表现为子宫颈开口处呈玫瑰花样黏膜褶皱
  - ○ 液体积聚可能妨碍可视化
    - 抽吸或吸引液体以获得最佳视野

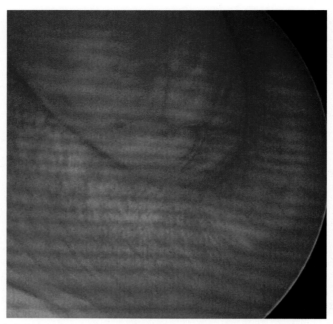

图8.12   在阴道内镜检查中发现子宫颈。在人工授精过程中，导管可以进入玫瑰花形的入口

　　■ 取下可视内镜，让患病动物静坐并排水几分钟
- 将导管推入子宫颈口，如图 8.12 所示
  ○ 将可视内镜平行于子宫颈管放置
  ○ 扭转运动可能有助于推进导管
  ○ 导管在无阻力的情况下应尽可能推进
- 注入精液，然后注入1～2mL空气以清洁导管
- 在内镜检查报告中记录导管插入和器械使用的容易程度

样品收集和处理

　　膀胱内镜检查中使用的活检钳和篮形取出钳是精密器械，其尺寸小，应轻拿轻放，尤其是在活检时。

　　钳子应平顺穿过器械管道，当活检钳在管道内时，软质膀胱内镜应处于中间位置。当钳子离开管道并观察到钳子的钳口时，可以将膀胱内镜弯曲到活检点。强行用力操作向上/向下控制杆会拉伸或拉断控制线，产生昂贵的维修费用。使用前一定要确保钳子和金属丝篮处于工作状态。

　　由于管道和活检钳的大小，组织样本会很小。样本放入组织盒中可以稳定样本。用于培养的样本可以放在一个红头管（RTT）中，或与参考实验室核实是否有其他规格。

结石放置在一个小容器中，如一个有盖子密封的红头管。

动物术后护理

因反复传递膀胱镜而导致梗阻性肿瘤或炎症的患病动物，放置尿管并连接一个封闭的泌尿系统可能有好处。

应告知动物主人，患病动物术后几天内可能出现血尿或尿频。

并发症

尽管反复用生理盐水冲洗，血尿过多仍然会模糊视野。用冷0.9%生理盐水冲洗可能是有好处的，不然手术就不得不暂停。技术使用不当或者肿瘤导致尿道穿孔是很少见的。如有必要，可放置导尿管24~48h或直到该部位愈合。

推荐阅读

[1] Berent, A.C., Weisse, C., Mayhew, P.D., Todd, K., Wright, M., and Bagley, D. (2012) Evaluation of cystoscopic-guided laser ablation of intramural ectopic ureters in female dogs. *J. Am. Vet. Med. Assoc.,* **240(6)**,716–725.

[2] Blackburn, A.L., Berent, A.C., Weisse, C.W., and Brown, D.C. (2013) Evaluation of outcome following urethral stent placement for the treatment of obstructive carcinoma of the urethra in dogs: 42 cases (2004–2008). *J. Am. Vet. Med.Assoc.,* **242(1)**, 59–68.

[3] Lulich, J.P., Adams, L.G., Grant, D., Albasan', H., and Osborne, C.A. (2009) Changing paradigms in the treatment of uroliths by lithotripsy. *Vet. Clin. North Am. Small Anim. Pract.,* **39(1)**, 143–160.

[4] Tams, T. and Rawlings, C.A. (2011) *Small Animal Endoscopy, 3rd* edn. Elsevier Mosby, St Louis, MO, pp. 507–561.

第9章 腹腔和胸腔内镜检查

Katie Douthitt

作为兽医团队的一部分，兽医技术人员提供的支持对任何手术的成功都是不可或缺的。熟悉手术适应证和可能的并发症，及时设置设备和准备物资，预测常见的突发事件，知道如何避免故障并在故障发生时解决，这些都是技术人员职责范围的一部分。内镜设备是复杂的，有许多可能出现故障的地方，因此参与这些手术的技术人员必须熟练地操作和排除所使用的每件设备的故障。

腹腔内镜检查

腹腔内镜是一种通过腹壁插入光纤器械来观察腹部器官或允许进行外科手术的一种操作。希腊语"*lapara*"的意思是"侧腹或腰部"，"*skopein*"的意思是"看见"。

腹腔内镜辅助手术是一种常用于腹部器官检查、触诊和活检的技术，可通过扩大其中一个腹部端口或通过放置腹腔镜伤口收缩装置将肠道部分外移来完成。

腹腔内镜检查或腹腔内镜辅助手术的适应证

适应证与开腹手术（剖腹手术）相似，包括：

- 器官和大体疾病过程的可视化检查
- 肝脏（图9.1），胆囊，肾脏（图9.2），脾脏，肠（图9.3），淋巴结，胰腺，前列腺等组织活检用于器官的组织学检查
- 用于肾，胆囊和淋巴结细胞学抽吸检查
- 活检和抽吸样本进行培养
- 肿块切除和活检
- 癌症分期
- 隐睾切除术和卵巢切除术/卵巢子宫切除术（图9.4）
- 膀胱切开术/膀胱内镜检查/膀胱固定术
- 肾上腺切除术（图9.5）
- 肾切除术

图9.1　用杯状活检钳进行肝脏活检

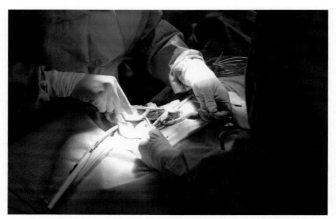

图9.2　腹腔内镜下肾脏活检

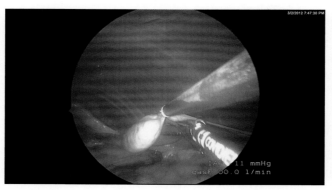

图9.3　小肠活检与伤口收缩装置

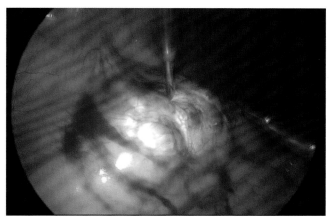

图9.4 腹腔内镜下睾丸切除术

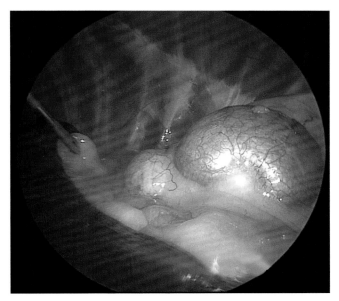

图9.5 腹腔内镜下肾上腺切除术

- 胆囊切除术
- 胃造瘘管置入术
- 胃固定术
- 胃异物取出术
- 胃扩张和扭转（GDV）

腹腔内镜检查禁忌证（绝对或相对）

腹腔内镜检查的禁忌证基本与任何等效的开放手术的禁忌证相同。腹腔内镜检查的一些具体禁忌证包括：

- 无法管理的高碳酸血症
- 膈疝或腹股沟疝
- 败血症性腹膜炎
- 开放性腹部伤口
- 既往腹部手术伴多处粘连
- 大肿块切除
- 患病动物体格大小
- 身体状况评分高——肥胖
- 手术团队技术水平
- 可用设备

腹腔内镜与开腹手术相比的优点

- 侵入性较小
- 由于切口部位较小，对组织的出血和创伤较少
- 气腹时能更好地显示腹膜腔
- 术后疼痛较轻
- 更少代谢障碍
- 降低了术后发病率
- 减少术后感染的机会
- 降低伤口裂开或疝的发生率
- 恢复时间更短

腹腔镜与开腹手术相比的缺点

- 气体栓塞
- 气腹并发症
- 新手从业者需要增加手术时长
- 检查器官和组织时失去触觉反馈
- 器械可操作性差
- 需要专用设备和相关费用
- 需要专门培训

胸腔镜检查

胸腔内镜用于胸腔的内镜检查，来自希腊语"*thōrāx*（thoraco）"意为"胸部"，"*skopein*"意为"看见"。

尽管术语"胸腔内镜"通常用于描述所有使用内镜查看胸膜腔的手术，但医学界的一些人士正在努力区分或更清楚地定义常见术语胸腔内镜检查和视频辅助胸腔（胸腔内镜）手术（VATS）之间的差异。胸腔内镜检查将用于医疗诊断或治疗干预以及视频辅助胸腔（胸腔内镜）手术，将用于微创胸腔内镜手术。

胸腔内镜检查和视频辅助胸腔（胸腔内镜）手术的适应证

胸腔内镜和视频辅助胸腔（胸腔内镜）手术与任何开胸手术（胸廓切开术）的适应证相似：

- 器官和大体疾病过程的可视化检查
- 胸膜或心包积液的诊断
- 抽吸积液进行细胞学检查
- 淋巴结，胸膜，肺，纵隔组织学活检
- 脓胸的治疗
- 异物取出
- 胸或前纵隔肿块切除术
- 心包切除术（图9.6），膈下（部分或全部）
- 胸导管结扎术
- 肺活检，肺叶切除（部分或全部）（图9.7）
- 气胸的纠正
- 持续性右主动脉弓（PRAA）的纠正

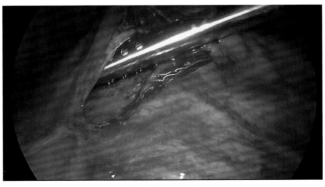

图9.6　胸腔内镜下心包切除术，初始心包切口，然后使用吸引探头

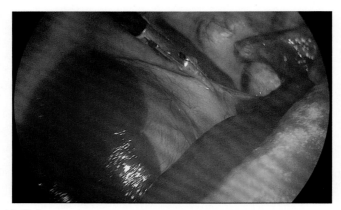

图9.7　胸腔内镜下肺叶切除术

- 动脉导管未闭结扎术（PDA）
- 胸膜固定术

胸腔内镜检查和视频辅助胸腔（胸腔内镜）手术的禁忌证

　　胸腔内镜检查的禁忌证与开胸手术基本相同。胸腔内镜检查的一些特殊禁忌证包括：

- 严重的心脏病或肺部疾病
- 患病动物不能忍受单肺通气/单侧肺塌陷
- 胸膜粘连（也称胸膜固定，胸膜联合，胸膜硬化）
- 损伤或疾病发生的位置（中心性肺损伤，累及心包、横膈或胸壁）
- 大损伤或肿块
- 手术团队技术水平
- 可用设备

胸腔镜/视频辅助胸腔（胸腔内镜）手术与开胸手术相比的优势

- 侵入性较小
- 由于切口部位较小，对组织的创伤较小
- 提供胸膜腔更明亮、更放大的可视化
- 术后疼痛更小
- 更短的恢复时间
- 发病率较低
- 术后感染和伤口裂开的机会较少
- 术后跛行的发生率较低

胸腔镜检查/视频辅助胸腔（胸腔内镜）手术与开胸手术相比的缺点

- 增加了新手从业者的手术时长
- 检查器官和组织时失去触觉反馈
- 器械可操作性差
- 需要专用设备和相关费用
- 需要外科医生和技术支持人员的专业培训

腹腔内镜和胸腔内镜设备及器械

用于内镜手术的器械和设备精密且昂贵，因此参与使用和维护该设备的所有人员均应接受关于正确操作和维护每个器械的全面培训（参见框9.1）。

腹腔或胸腔内镜手术所需的基础内镜设备（框9.2）与任何内镜手术所需设备相同，即内镜、摄像机、光源、查看显示器和文档记录功能。图9.8中是典型的内镜台。几家生产内镜设备的公司，包括Karl Storz, Richard Wolf, Olympus Surgical and Stryker。

框9.1　使用内镜手术的器械和设备须知

用于内镜手术的器械和设备精密且昂贵，因此参与使用和维护该设备的所有人员均应接受关于正确操作和维护每个器械的全面培训

框9.2　腹腔和胸腔内镜检查所需的最少设备

- 硬质内镜
- 气腹针
- 套管——螺纹、光滑或混合型
- 套管针——锥形，圆锥形或钝形
- 光缆
- 光源
- 摄像机/视频处理器/显示器
- 气体吹入器和输送气体的管道用于气腹术
- 仅腹腔镜检查通入气腹用的压缩气体
- 记录和存档——记录每个手术的静态图像和/或视频的方法不是必需的，但强烈推荐

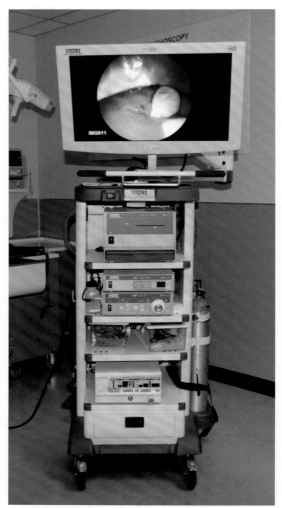

图9.8 内镜台上有高清视频和影像系统，包括医疗级显示器，影像捕获单元，视频处理器，氙气灯光源和气体吹入器

腹腔和胸腔内镜

用于腹腔内镜检查和胸腔内镜检查的内镜通常是硬质的（如图9.9所示），也有拼接混合型；它们都有各种外径、长度和视角。

小动物实践中常用规格：

- 外径3mm×14cm——小型犬和猫

- 外径5mm×30cm——大多数犬和猫

- 外径10mm×30cm——大型和巨型品种犬

最常用的视角是0°和30°，如图9.10所示；也有更多广角的提供。

大多数硬质内镜配备标准杆和光学镜头，但也有电荷耦合器件（CCD）视频和高清选项提供。许多电荷耦合器件视频硬质内镜具有集成的单缆摄像头和光源连接件，无需单独的摄像头和光缆。

一些硬质内镜具有集成的工作管道和偏移目镜，称为手术腹腔内镜。许多硬质内镜有可高压灭菌和不可高压灭菌型号。不可高压灭菌的内镜必须采用其他灭菌处理，如戊二醛（Cidex），加速过氧化氢溶液（Resert XL），环氧乙烷或过氧化氢气体等离子体灭菌系统（Steris/Sterrad）。

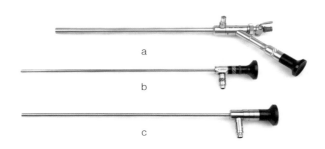

图9.9　a，手术内镜；b，30°内镜；c，0°内镜

图9.10　0°（a）和30°（b）内镜视角

气腹针

图9.11所示的气腹针可用于建立气腹和气胸。它由一个外针和管芯针组成，外针有锐利的斜面尖头和弹簧，可伸缩的钝管芯针有一个鲁尔接口。针引入腹壁或胸壁进入腹腔或胸膜腔后，钝管心针向前滑动，以保护内脏器官免受意外损伤。每次使用前都应确认气腹针的功能正常，并且针头钝了要更换。

套管和套管针

套管和套管针用于建立和维持进入腹膜腔或胸膜腔的通路。

与许多类型的手术设备一样，套管和套管针有多种选择，包括尺寸、长度和材料类型（金属或塑料），如图9.12所示。他们可以重复使用或一次性使用，甚至是可回收的（有可重复使用的套管和一次性穿刺针）。套管和穿刺针的大小通常与内镜的大小相对应，使用的长度可能取决于患病动物的体型、待实施的手术或外科兽医的偏好。一般认为存在气腹或气胸时，腹腔和胸腔内镜相关风险是最高的，因此需要不断地探索改进设备和技术，以确保更高的安全范围。框9.3提供了套管和穿刺针类型的详细列表。

光缆

光缆用来将光从光源（例如：卤素或氙气灯）传输至内镜。高质量的光缆价格昂贵，必须精心维护，以达到最大的光传输量。光缆的类型见框9.4。

光缆，如图9.13中的例子，有多种长度和直径。典型直径范围为2～5mm，长度为1.5～3m。

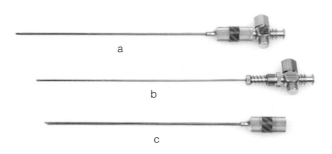

图9.11　气腹针。a，组装好的；b，钝管芯针；c，外针

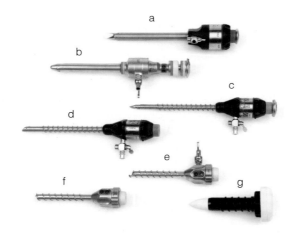

图9.12　a、b，带自动单向阀和鲁尔锁吹气连接件的光滑套管：带锥尖头套管针（a）和带钝头套管针（b）；c、d，混合螺纹/光杆套管带自动单向阀（c）和鲁尔锁吹气连接件（d）；e、f，带螺纹的Storz TeamianEndoTIP无针套管：带自动单向阀和鲁尔锁定吹气连接件（e）和不带吹气连接件（f）；g，一次性带螺纹，无阀套管（用于胸腔内镜检查）带钝头套管针

框9.3　套管和穿刺针的种类

- 套管：
  - 螺纹
  - 光滑
  - 混合——螺纹和光滑杆组合
  - 有或无进气阀
  - 不使用套管针的如Karl Storz TeamianEndoTIP
  - 手动或自动单向阀
  - 硅胶上部密封——无阀门
- 穿刺针：
  - 切割端头——有护套或无护套
    - 锥尖头——3个平面上的尖锐边缘
    - 有刃尖头——2个平面上的尖锐边缘
    - 圆尖锥
  - 非切割端头：
    - 钝头
    - 圆钝头

框9.4　光纤和充液光缆

- 光纤光缆使用紧密压实的非相干玻璃纤维将光源的光传输到内镜。光纤光缆在兽医中最常用，许多型号都可以高压灭菌
- 充液电缆使用液体光学凝胶介质传输光。尽管充液电缆传输的光比普通电缆多30%左右，但它们会传导更多的热量，不可高压灭菌，更坚硬，更易碎，而且购买价格更高

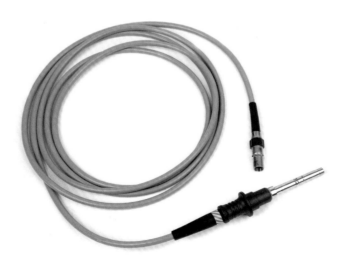

图9.13　光纤光缆

光源装置

光源装置产生高强度光，在手术过程中实现良好可视化。两种主要类型的光源装置用于兽医内镜手术：卤素灯和氙气灯（框9.5）。

框9.5 卤素灯和氙气灯光源

- 卤素——150W卤素光源有利于腹膜腔和胸膜腔的大体疾病过程检查与诊断，卤素光源比氙气光源产生更多的热量
- 氙气——100W或300W的氙气光源可呈现更真实的器官和组织的颜色，是诊断或出版高质量的静态影像或视频记录的首选光源。尽管这些光源产生的热量比卤素光源少，但应避免内镜端头靠近组织和易燃外科材料

光源装置的典型设置和功能包括：

- 自动和手动亮度控制
- 待机模式
- 灯泡点亮控制
- 灯泡寿命计算
- 应急灯泡指示器——应急灯泡使用中，无灯泡警告，平均灯泡寿命
- 气泵——低，中和高设置（用于胃内镜）
- 供水（用于胃内镜）

摄像机、处理器和显示器

在内镜检查的早期，从业者没有在内镜上安装摄像机的选项，以便于在显示器上查看内镜图像，内镜兽医必须直接通过目镜观察。这种手术过程的有限观察仅限于内镜兽医，这严重限制了操作多种器械的能力。如今，摄像机、处理器和显示器是标准设备。

摄像机系统见框9.6。

框9.6 摄像机系统

- 视频摄像机：视频摄像机系统由摄像机控制单元（CCU），带连接电缆的摄像头（如图9.14），内镜适配器和视频显示器组成。摄像头通常装有1个或3个电荷耦合器件芯片
- 视频处理器：视频处理器系统由视频处理器、摄像头连接器和内镜适配器组成（如图9.15所示）

视频摄像机和处理器的典型设置和功能：

- 白平衡控制
- 自动增益控制
- 对比度设置

图9.14　3个电荷耦合器件芯片摄像机头

图9.15　高清摄像头单元和100W氙气光源

- 光圈模式设置
- 影像增强
- 影像冻结
- 患病动物信息输入
- 静止影像捕获
- 视频显示器

　　视频显示器与摄像机或处理器相连，用于查看内镜检查手术。目前，显示器有标准或高分辨率格式，并提供了各种尺寸和样式。偏好往往取决于很多因素，包括与现有设备和环境的兼容性，影像质量、尺寸、价格和使用需求。与商品级显示器相比，强烈推荐使用医用级显示器，因为特定的设计功能使其最适合外科手术环境，也符合政府法规和医疗安全要求。医用级显示器一般有一个密封体，没有通风口或风扇，界面光滑，可防止颗粒、组织或液体的进入，从而可以更好地消毒和维持无菌手术环境。它们通常由比商品级显示器更坚固的材料制成，以降低在手术室中操作时发生损坏的可能性。框9.7中列出了当前可用的显示器类型。

框9.7　当前可用的视频显示器

- CRT——阴极射线管
- LCD——液晶显示器
- OLED——有机发光二极管
- 等离子体——电离气体电池
  - 阴极射线管显示器仍被广泛使用，但越来越不常见。尽管它们可能具有真实的色彩再现，宽视角，无模糊或重影，但总体而言，它们比同类产品要大得多，重得多
  - 液晶显示器因其屏幕尺寸大，整体尺寸小，重量更轻而越来越受欢迎。液晶显示器，特别是高清（高清晰度）显示器，能提供非常清晰、干脆的影像，很少或没有屏幕闪烁，而且可以安装在比阴极射线管显示器更广泛的位置
  - 有机发光二极管显示器是一种新的医疗显示选项。目前只有索尼有一个有机发光二极管医疗级显示器可以买到。有机发光二极管技术可以提供更宽的视角，更快的响应时间，更少的运动模糊影像以及更真实的色彩再现
  - 等离子体显示器通常很大，32in或更大。目前，等离子体显示器还没有在手术室中得到应用

气体吹入器和管道

在腹腔内镜手术中，自动气体吹入器（图9.16）用于建立和维持气腹。它们有多种选择，包括各种气体流速（通常为20L/min，30L/min或40L/min），气体加热，排烟和压力释放。自动气体吹入器可监护多个参数，并可进行设置，以适应患病动物大小和健康状态下的可能考虑因素。常见的操作设置和监护参数包括：

- 开/关
- 待机
- 最大腹内压（手动设定）
- 最大气体流速（手动设定）
- 气体供应计
- 吹入气体总体积
- 管道梗阻警报
- 压力过大警报
- 供气不足警报

吹气管（图9.17）为一次性使用，通常有10ft*长；可提供不同型号的接头。吹气管应包含一个完整的液体屏障和细菌/病毒过滤器，以避免腹部液体回流和污染物进入吹气机。

---

* ft为非法定计量单位，1ft=30.48cm。

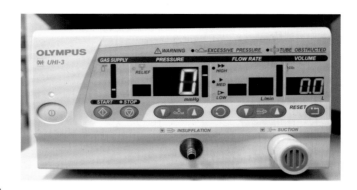

图9.16　气体吹入器

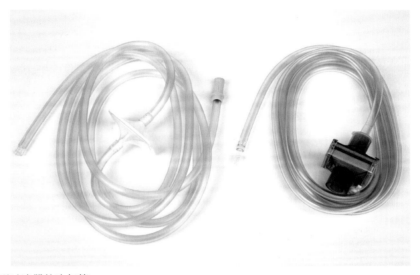

图9.17　带微型过滤器的吹气管

气体吹入

几种气体可能适用于建立和维持气腹：

- 二氧化碳（CO_2）
- 空气
- 一氧化二氮
- 氩气
- 氦气

二氧化碳是兽医中最常用的气体，原因如下：

- 高溶解度
- 不可燃
- 不支持燃烧

- 天然代谢物
- 快速从体内清除
- 栓塞风险较低

    重要的压缩气瓶的安全防护措施见框9.8。

框9.8   压缩医用气瓶使用须知

> 使用者必须了解压缩医用气体钢瓶的国家标准颜色标记。如果使用不相容的气体或混合气体，可能会对人员和患病动物造成严重伤害或者导致死亡

文件和归档

    手术文件和归档是回顾病例、监护疾病进展、教学和与宠主共享信息的宝贵资源。

    文档和归档选项很多，可以简单地将DVD刻录机连接到内镜检查台上的视频显示器输出端，或者连接到高级触摸屏输入端，HD（高清）和PACS（图像归档和通信系统）。强烈推荐一些方法记录文件和归档。参见图9.18。

器械

    腹腔和胸腔镜手术使用的专用手术器械与剖腹和开胸术使用的器械相同。这些手术器械有各种大小和长度，与特定手术、患病动物体型和套管相一致。一些器械具有旋转和锁定机制选项，以提高定位和稳定性，并有烧灼隔热的功能；许多都有模块化的手柄和插入端头提示，易于操控；同时也易于拆卸、清洁和灭菌。

图9.18   使用触摸屏进行高清影像采集

特殊器械需求在很大程度上取决于所进行的手术和外科兽医的偏好。框9.9列出了基本器械的清单。图9.19所示为器械托盘示例，图9.20–图9.24展示了多种可用器械。

框9.9　普通腹腔和胸腔内镜器械及用品

- 吸引器，吸引/冲洗套管
- 钝头触诊探针
- 杯状活检钳
- 穿孔活检钳
- 分离抓钳
- 无创抓钳
- 牵开器
- 直角钳
- 巴布科克（Babcock）钳
- 凯利（Kelly）钳
- 梅岑鲍姆（Metzenbaum）剪
- 钩形剪
- 持针钳
- 标本回收袋
- 结扎环
- 推结器
- 止血用品——钝性探针直接按压，凝胶—海绵，缝合，预打结缝合环，内镜夹或钉
- 核心活检针
- 电烙器
- 电外科单元，如Ligasure
- 超声刀
- 吸引/冲洗单元

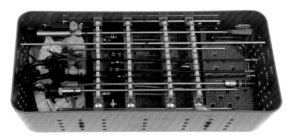

图9.19　可高压灭菌储存托盘中的通用腹腔内镜器械包

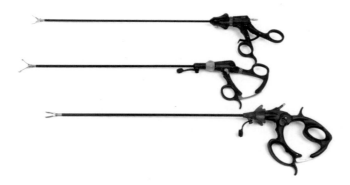

图9.20 腹腔内镜检查和视频辅助胸腔（胸腔内镜）手术/胸腔内镜检查手术器械

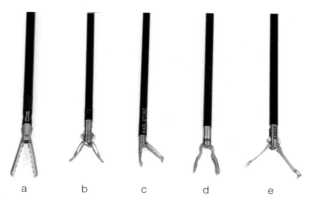

图9.21 a，无创伤波形挡边抓钳；b，弯曲的凯利钳；c，单边活动抓钳；d，开孔无创抓钳；e，巴布科克组织钳

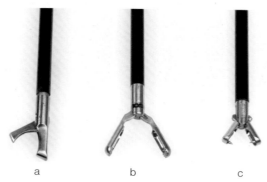

图9.22 a，钩形活检钳；b，开孔勺形活检钳；c，带齿杯状活检钳

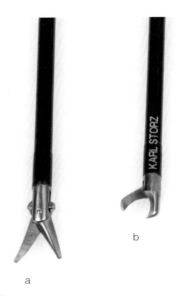

图9.23　a，梅岑鲍姆剪刀；b，钩剪

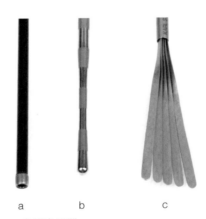

图9.24　a，吸引套管；b，钝探头；c，扇形牵开器

血管分离和封堵设备

结扎夹、内镜缝合钉和双极组织融合设备通常用于微创外科手术。与胸膜和腹膜腔内缝合相比，这些器械易于分离和结扎组织，因此是一种有利的替代方法。这些器械的示例如下：

- Gemini施夹器（Microline Surgical）
- EndoGIA内镜下缝合钉（Covidien）
- LigaSure血管封堵器（Covidien）

每种设备都有不同大小和长度。所使用的大小和长度取决于患病动物的大小和要结扎或分离的血管或组织的大小和性质。示例如图9.25和图9.26。

如果需要转为开放性手术（开腹手术或开胸手术），应立即提供开腹和开胸手术器械。

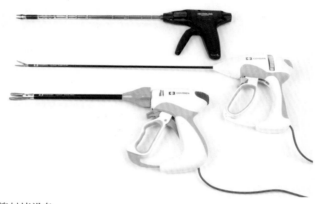

图9.25　结扎施夹钳和血管封堵设备

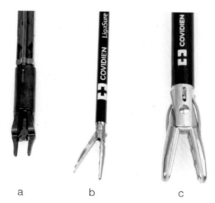

图9.26　a，结扎夹；b，海豚头血管封堵设备；c，钝头血管封堵设备

患病动物准备

一般来说，腹腔或胸腔内镜手术的患病动物准备与那些等效开放手术相同。最好在手术前和外科兽医讨论这个病例。这个时间段是询问有关该病例的相关问题的时候，包括任何附加手术的计划，多次手术的顺序，患病动物的特殊关注或需求，特需设备等。

麻醉前

- 让患病动物在手术前排空膀胱和肠道
- 禁食8~12h，具体取决于患病动物体征和健康状况
- 血液检查，包括化学套组、血常规和凝血套组
- CT，MRI，X线或超声等影像诊断
- 制定麻醉方案（参见第3章）

　　由于气腹、气胸和单肺通气（OLV）固有的并发症和生理效应，有经验的麻醉兽医是必不可少的。

患病动物术前准备

　　如果有必要的话，剃毛、术部消毒和覆盖患病动物，以便快速过渡到开放式手术。

腹腔内镜检查的剃毛和术部消毒

　　一般情况下，腹腔内镜的放置采用右侧或腹侧中线通路。腹中线通路通常是观察整个腹腔的最佳位置。由于脾脏的位置和可能的创伤，左侧通路不太常见，但可用于脾脏和其他左侧器官（如左肾和肾上腺）的活检。

　　外科无菌技术剃毛并准备好患病动物。

　　对于腹侧通路手术，在患病动物仰卧位的情况下，从剑突头侧至少6cm纵向至耻骨前以及横向宽到左右侧腹部所有毛发剃掉，如图9.27所示。

　　对于右侧或左侧通路，患病动物呈适当的左侧或右侧卧位，剃掉背侧中线至腹侧中线所有毛发，从剑突软骨头侧大约6cm开始，纵行至一侧骨盆，如图9.28所示。

　　去除所有脱落的毛发。Shop-Vac吸尘器或手持式真空吸尘器很有用。注意不要把真空吸尘器的吸嘴太靠近患病动物的皮肤，因为吸入皮肤会引起刺激或损伤。

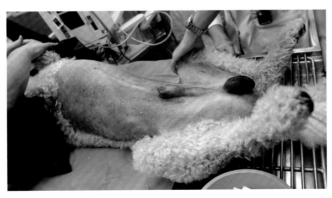

图9.27　腹侧通路腹腔内镜手术的剃毛

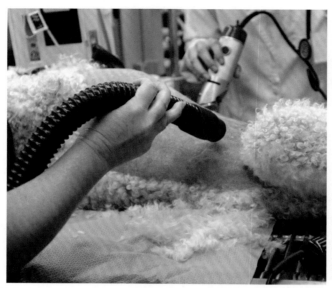

图9.28　真空吸尘器软管位置

外科擦洗方案

- 使用浸泡在消毒擦洗液中的纱布海绵和冲洗液，先进行一次擦洗以去除粗碎屑
- 记得用稀释的消毒液冲洗雄犬的包皮，例如用无菌水或生理盐水稀释的聚维酮碘或氯己定溶液。不要使用酒精，因为它会刺激黏膜
- 使用标准的外科无菌技术对整个手术部位进行最后的擦洗，确保达到所用消毒剂推荐的接触时间

胸腔内镜/视频辅助胸腔（胸腔内镜）手术中的剃毛和擦洗

- 根据手术方法，在侧肋间或腹侧横膈下剑突通路放置胸腔镜
- 使用外科无菌技术对患病动物进行剃毛和准备
- 对于任何胸腔内镜通路，腹侧通路还是侧位通路，当患病动物仰卧位时，最好是对整个腹侧胸廓和腹部进行剃毛和擦洗，从胸口进入上到耻骨，两侧宽到背中线。如果需要进入对侧以便更好地进入或可视化，将胸腔的两个半边都剃毛将加快再次擦洗的速度
- 这种大面积的剃毛方式（如图9.29所示）可确保在需要另一种胸腔镜通路或向开胸手术转换的情况下很容易地在手术室内（OR）进行再擦洗
- 去除所有脱落的毛发
- 像在腹腔内镜检查中一样进行手术擦洗

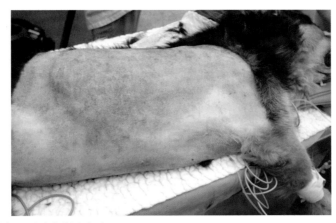

图9.29　胸腔内镜检查侧面通路的剃毛方法

患病动物摆位

在动物剃毛和擦洗后，可以将其移入手术室，并放置在手术台上，如图9.30和图9.31所示。当使用需要接地极板的电外科设备时，应确保患病动物在放到手术台上之前接地极板已经就位，并且在患病动物就位后接地极板能与患病动物保持良好的接触。根据手术的不同，患病动物可能需要重新摆位。当使用倾斜手术台时，患病动物应该用比许多外科手术中使用的典型的绑腿方法更稳定的固定方法在手术台上。可使用模压患病动物保定摆位器，带衬垫的尼龙搭扣带或2条白色胶带配合手术毛巾作为衬垫。尼龙带应远离手术区域，不影响肺的扩张和通气，横跨放置位置应低过骨盆水平面，高过肩膀水平面。

最终的手术擦洗应该在覆盖患病动物之前进行。图9.32和图9.33所示为腹腔内镜检查的一个创巾覆盖示例。

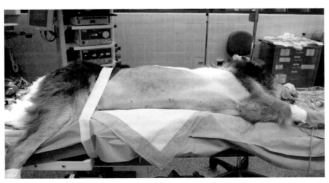

图9.30　右侧通路胸腔内镜检查的患病动物摆位

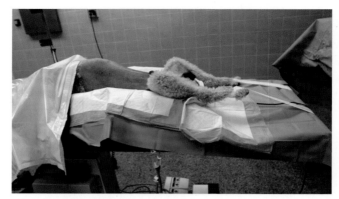

图9.31　腹侧通路腹腔内镜检查的患病动物摆位

图9.32　腹侧通路腹腔内镜检查的创巾布初始覆盖

图9.33　腹侧通路腹腔内镜检查的创巾布最终覆盖

腹腔镜手术

腹腔镜检查时的注意事项

与开腹手术相比，腹腔镜手术中的一个主要的区别和注意事项是气腹的影响，最常见的高碳酸血症是由二氧化碳的吸收增加引起的，潮气量降低是由于横膈压力过大导致的。与器官或静脉结构穿孔，或是长时间腹腔内压力过高有关的其他并发症包括：

- 皮下脓胸
- 肠鼓气
- 肠穿孔
  - 腹膜炎
  - 败血症
- 血管穿孔，如肠系膜和髂血管、主动脉，后腔静脉
  - 气体栓塞
  - 出血
- 脾穿孔
  - 气体栓塞
  - 出血
- 横膈穿孔
  - 疝
  - 气胸
- 静脉回流减少，导致缺血和缺氧
- 血管迷走神经性反应
- 接口转移瘤

腹腔通路和气腹形成

对于右侧通路，通常使用肋骨肋弓和骨盆外侧和腹侧腹部作为解剖地标来确定气腹针或套管和套管针在腹中部的适当位置。对于腹侧通路，有时倾向于脐孔尾侧通路。

气腹的产生和套管针的插入被广泛认为是腹腔内镜手术中最关键的一点；大多数器官和血管的损伤都在此时发生。放置的内部视图如图9.34和图9.35所示。

初始气腹可以通过多种方法完成，使用气腹针（盲法），通过切开腹腔插入钝套管和套管针，称为"开放"或哈森技术，以及使用套管不使用套管针的技术，如Ternamian套管。关于哪种方法更安全还有很多争论，到目前为止，决定主要取决于外科兽医的舒适度和使用特定技术的经验。

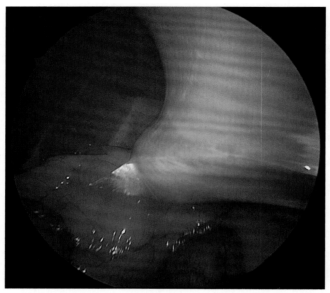

图9.34 直接可视化下引入套管针和套管

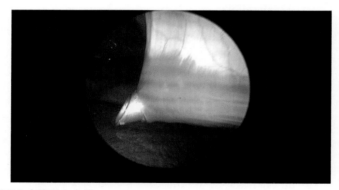

图9.35 直接可视化下引出套管针和套管

气腹针技术

可以通过多种方法确定气腹针在腹腔的正确位置。这些方法经常配合使用，从而为外科兽医提供几种"检查方法"，以确保正确放置针头。

- 悬滴技术——用无菌生理盐水冲洗针头，然后在无菌针头的针座上放置一滴无菌生理盐水。当针穿过腹壁时，腹腔的负压会将液滴吸入腹腔
- 抽吸试验——将装有少量无菌生理盐水的注射器连接到气腹针上。如果放置正确，向腹腔注射生理盐水应该几乎没有阻力，抽吸也不应该有任何液体回流。如果生理盐水回流，针头可能位于腹壁的一个口袋中，需要重新放置针头。如果抽吸到肠内容物、尿液或血液，可能需要转为开腹手术
- "咔嚓"法——当将无创针进入腹壁时，带弹簧的管芯针从针套中伸出，外科兽医会听到"咔嚓"

声，因为它比通过各种肌肉层遇到的阻力更小

- 腹腔内压力读数——通过将二氧化碳供应装置连接到针头的鲁尔锁上并监护吹入器上的腹腔压力读数，可以确定气腹针放置正确。如果气腹针正确放置在腹腔内，则压力读数应低（<5mmHg）。如果压力读数高于5mmHg，针头可能位于腹壁或中空脏器内

开放或哈森技术

开放或哈森技术已经得到普及，是由于外科兽医能够在视觉上确定气腹针进入腹膜腔，并使用钝器代替锋利的套管来建立一个通路端口和气腹。

改良的哈森技术通常包括小切口、钝性剥离和引入带有钝头套管针或无套管针（Ternamian套管）的套管。

二氧化碳供应直接连接在套管上，形成气腹。这些技术避免了将锋利的器械盲目地引入腹腔。

腹部吹气前，应检查吹入器的设置和装置功能。最大吹入压力通常设定为10～12mmHg，流速为1～3L/min，不应高于15mmHg。

一旦气腹建立，腹腔内镜已经进入腹腔，剩余套管的放置可以在腹腔内镜的直接可视化下进行，如图9.36所示。

胸腔内镜检查/视频辅助胸腔（胸腔内镜）手术

胸腔内镜检查/视频辅助胸腔（胸腔内镜）手术时的注意事项

胸腔内镜检查/视频辅助胸腔（胸腔内镜）手术可能的并发症如下：

- 感染
  - 端口插入点
  - 脓胸

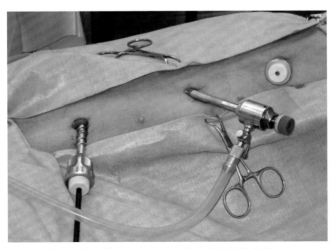

图9.36 腹腔内镜下卵巢子宫切除术的端口放置，患病动物的头朝向图的右侧

- 创伤
  - 神经损伤
    - 肋间
    - 横膈膜
  - 器官和血管
    - 心脏
    - 肺
    - 食管
    - 气管
    - 肺、肋间胸膜血管
- 出血
  - 肋间血管、胸膜血管、活检部位
  - 肺血管、肺叶
  - 心包、心脏、动脉导管未闭
  - 肿瘤
- 漏气
- 肺炎
- 肺不张

胸腔通路和气胸的形成

气胸的形成可通过使用旋塞阀打开的气腹针或通过使用胸腔内镜无阀套管来实现。或者放置在胸腔内，可让空气被动地引入胸膜腔或者吹入胸膜腔。气腹针技术与更大的肺创伤风险相关。图9.37和图9.38显示了两个端口放置的示例。

单肺通气（OLV）

提供单肺通气的能力对于增加胸腔内镜手术的可视化是必要的（更多信息参见第3章）。

同样的内镜设备（摄像机，摄像机头和光源）可用于支气管内镜放置单肺通气设备。如果有2个摄像头，或者正在使用视频支气管内镜或胸腔内镜，维持摄像头的无菌就不是问题，因为1个摄像头不会用于2个内镜。如果支气管内镜和胸腔内镜需要使用同一个摄像头，小心操作是维持摄像头和线缆无菌的关键。可使用无菌套筒或无菌布覆盖摄像机头和电缆，以防止支气管内镜放置单肺通气装置期间受到污染，然后在将摄像机连接到无菌胸腔内镜之前小心移除它们。当只有1个摄像机头可用时，另一个选择是对支气管镜进行灭菌（使用任何可用的适合内镜的方法——戊二醛、环氧乙烷、等离子、蒸汽），并将其放置在无菌布上。确保支气管内镜检查人员在操作内镜时戴上无菌手套，以免摄像头受到污染。

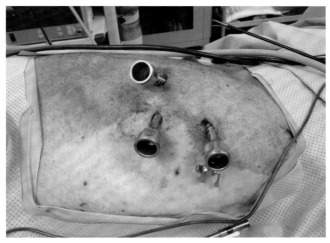

图9.37　胸腔镜检查下经肋间孔侧方通路

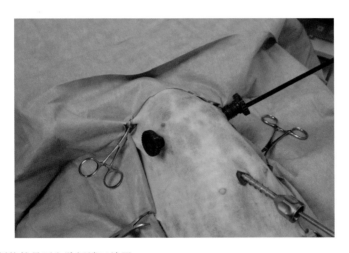

图9.38　腹侧通路的剑状软骨下和肋间端口放置

设备准备

每一个内镜设备通常有几个操作功能和选择。技术团队熟悉每台设备的设置和选项很重要。在手术之前，请阅读用户手册，操作设备，并充分了解设置和功能。如果不熟悉设备的工作原理，要在手术中排除故障是困难的。

理想情况下，应该有2名或3名技术人员协助腹腔和胸腔内镜手术——一名技术人员担任麻醉兽医，一名技术人员负责操作内镜和辅助设备，如果需要，还有一名技术人员擦洗后进入手术。

所有器械和设备应在手术前收集并可用。一个好的做法是，在可能的情况下，备有重复的器械和用品，以备在无菌区外出现故障、破损或误置无菌区外时使用。

通常很难在手术前测试无菌内镜器械的功能。在进行清洁和无菌处理之前对器械进行常规维护和测试是很好的做法。

也许任何内镜设备最常见的问题之一是电缆和电线的断开或错误连接到相应的单元。如摄像机，显示器和文档系统必须彼此正确连接，以便内镜中的信息可以通过摄像机传输到显示器并由文档系统收存。

摄像机、显示器和文档系统有几个连接选项：S–Video，RGB，DVI，HDMI等。有一个电缆管理系统，如彩色皮筋带或尼龙搭扣带，以防止电缆松动或缠绕难以追踪，提供正确连接的示意图是很有用的。

通常，连接将从摄像机到文档系统再到视频显示器。如果文档单元出现故障，最好在摄像机和视频显示器之间建立一个直接连接，独立于文档系统，这样就可以继续进行可视化手术，不需要等待影像捕获问题解决之后。

内镜台的摆放

为了便于观察，内镜台的摆放一般应在患病动物和术者的对侧，这样术者可以面对视频显示器，如图9.39所示。只要有可能，将内镜台连接到插座上，以便在必要时重新摆放内镜台，而无需拔出并重新连接设备，尤其是多个手术需要不同的视角时。确保电缆不会妨碍外科兽医/手术团队或辅助设备的移动，也不会拉得太紧或轻易从插座和连接处拔出。

设备组装

一旦患病动物摆放好并覆盖了无菌创巾，并且内镜台也放在正确的位置，器械台布和所有必要的手术和内镜设备可以打开，组装和测试功能。这些步骤应包括：
- 确认已将正确的患病动物信息输入文档记录单元
- 确认摄像机工作正常并与视频显示器和影像系统正确连接
- 摄像头和光线电缆与内镜相连接

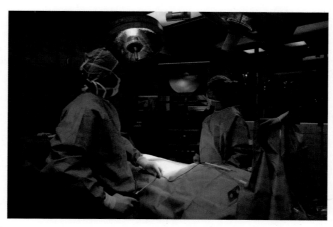

图9.39　内镜台的摆放

○ 使用无菌技术，摄像机头连接在内镜目镜上，并应按照摄像机头的顶部保持向上直立摆放。这个摆放可以在观察腹膜腔和胸膜腔时正确定位

- 光缆应牢固地连接到内镜灯柱上
- 摄像机和光缆与内镜台上主要装置连接

○ 在保持无菌区域的同时，将光缆和摄像机头的远端连接器断开，连接到内镜台上的摄像机控制单元和光源。

一旦摄像机和光缆与内镜台上的主要设备连接：

- 打开摄像机控制单元和光源的电源
- 确认从内镜到视频显示器有实时视频输送
- 按下光源装置上的灯/按下按钮灯
- 进行摄像机白平衡——将内镜放在白色物体（例如无菌纱布、海绵）前面，进行此步骤

○ 一些摄像机系统在中央控制单元上有一个白平衡按钮，另一些系统在摄像机头上有白平衡控制按钮

- 将影像聚焦在摄像机头
- 检查影像的位置是否位于显示器的中心
- 重新检查设备功能和设置是否正确，如吹气机、LigaSure或止血单元

术中常见设备注意事项

固定连接光缆，摄像机头线，吸引管和其他设备至无菌区域

将光缆，摄像机头线，吸引管和其他设备连接到无菌区外设备上固定，以防它们从手术台上滑落到地板上或变成非无菌。有些患病动物的创巾布有内置环，可以穿过这些环来连接电缆和导管。另一种选择是用无菌布的一部分或任何柔软的、无菌的材料（如兽医用的纱布或4cm×4cm纱布海绵）紧紧地包裹电缆，并用巾钳或止血钳将兽医用的裹布/纱布夹住，固定到患病动物的创巾上。如图9.40所示。

图9.40 用止血钳和无菌布固定的电缆和管路

镜头起雾

由于温度和湿度的变化，在将内镜插入腹膜腔或胸膜腔时可能会出现镜头起雾的情况。当内镜适应患病动物的体温时，起雾通常会在几分钟后消失；然而，起雾会延长手术时间，降低外科兽医进行检查和诊断的能力。

在一些手术过程中，只要轻轻地将内镜的镜头撞击到网膜等组织上，就能清洁镜片，恢复视野。或者还有许多其他可选措施，例如：

- 内镜加热器
- 防雾溶液
- 二氧化碳加湿和加温
- 温盐水浴

光传输

尽管光源单元上自动设置的补偿作用通常可以接受，但是在手术中可能需要对光传输水平进行调整。这可能是由腹膜或胸膜腔不同区域的大小、设备的变化、外科兽医的偏好或从内镜到聚焦区域所需的距离的变化引起的。如果光传输低：

- 检查光源是否通电，灯是否开启
- 检查光源是否处于"待机"模式
- 检查光缆跟内镜和光源的连接
- 检查内镜或光缆是否恰当传输光线。这可以通过在内镜和光源单元上附加一根替代的光缆，重新评估光的传输或将替代的内镜附加到光缆和摄像机头上来实现

影像模糊

影像模糊可能是由以下几个因素造成的：

- 摄像机头未聚焦
- 内镜端头有碎片，血液或其他组织遮挡镜头
- 目镜或摄像头上有碎片
- 内镜或摄像机镜头损坏

影像偏离中心或摄像头与内镜连接松动

如果影像没有在显示器屏幕中央，或者内镜和摄像机头之间有移动，请检查摄像机头和内镜是否正确连接，摄像机头是否在目镜上正确安装。重新检查并调整摄像机头的位置，确保摄像机头的顶部处于竖直向上位置，以确保在手术中正确进行视图定向。

吹气机

当腹内压力读数超过最大设定值时，自动吹气机会发出警报。超压读数的可能原因包括：

- 吹气管扭结或堵塞
- 气腹针或套管鲁尔锁定阀处于关闭位置
- 气腹针或套管已从腹腔中退出并进入腹内组织
- 技术人员应常规检查吹入器读数，而不应仅依赖警报来提醒他们注意问题。如果没有意识到，并将腹腔内最大压力设置得过高，则不会有警报响起，但会对患病动物造成严重的伤害或死亡
- 低供气警报
- 在手术前，技术人员应知道气体（CO_2）罐中是否有气体供应。应随时能提供备用气体罐

样品收集和处理

技术人员经常与外科兽医合作，在手术过程中获取并制备样本。生物学样本的收集、处理和制备不当会严重影响整个手术的成功，并影响兽医为患病动物作出明确诊断和治疗计划的能力。因此，技术人员知道如何正确地操作和处理样本是很重要的。

操作样本的一般注意事项如下：

- 应小心操作脆弱的组织，以避免人为压碎样本
- 采样后应尽快放入适当的防腐剂和容器中，如活检盒，10%福尔马林液，等渗氯化钠溶液，培养基
- 实验室对提交样本的要求可能不同，在准备提交样本之前，应了解这些要求
- 从手术室到实验室的距离会影响样本最初保存和运输的方式
- 实验室提交表格应完整填写，因为所要求的临床信息和测试对准确判读和实验室诊断至关重要

术后设备保养

手术相关的文档应归档或上传到患病动物记录或其他存储介质。

所有内镜台上的设备都要擦拭消毒，一定要包括内镜台自身的架子和表面。

所有内镜和手术设备应仔细拆卸（如图9.41所示）并清洗。在清洗和灭菌之前，请务必将套管针、气腹针和模块化手术器械完全拆卸下来。

患病动物术后护理

与开放式手术相比，微创内镜手术的一些最理想的方面是减少术后疼痛，降低发病率，减少并发

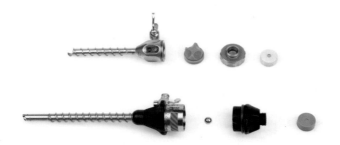

图9.41 拆卸套管

症，缩短术后恢复期。

尽管如此，患病动物仍应接受术后镇痛药，并像开腹或开胸手术一样监护术后并发症，包括：

- 全身麻醉相关风险
- 缝线断裂
- 疝气
- 医源性创伤或止血干预失败引起的出血
- 外科伤口感染
- 皮下积脓
- 胸腔漏气
- 胸导管并发症

参考阅读

[1] Laparoscopy. *Oxford Dictionaries,* www.OxfordDictionaries.com, accessed April 2010.

[2] Gower, S. and Mayhew, P. (2008) Canine laparoscopic and laparoscopic-assisted ovariohysterectomy and ovariectomy. *Compend. Contin. Educ. Vet.,* **30(8)**, 430–432.

[3] Gower, S.B. and Mayhew, P.D. (2011) A wound retraction device for laparoscopic-assisted intestinal surgery in dogs and cats. *Vet. Surg.,* **40(4)**, 485–488.

[4] Mayhew, P. (2009) Surgical views – laparoscopic and laparoscopic-assisted cryptorchidectomy in dogs and cats. *Compend. Contin. Educ. Vet.,* **31(6)**, 274–281.

[5] Teoh, B., Sen, R., and Abbott, J. (2005). An evaluation of four tests used to ascertain Veres needle placement at closed laparoscopy. *J. Minim. Invasive Gynecol.,* **12(2)**, 153–158.

[6] Vilos, G.A., Ternamian, A., Dempster, J., and Laberge, P.Y.; The Society of Obstetricians and Gynaecologists of Canada (2007) Laparoscopic entry: a review of techniques, technologies, and complications. *J. Obstet. Gynaecol. Can.,* **29(5)**, 433–465.

[7] SAGES Surgical Wiki, www.sageswiki.org. (a) *Guidelines for Diagnostic Laparoscopy* (2011), accessed 8 October 2012; (b) *Laparoscopy Troubleshooting Guide,* Society of American Gastrointestinal Endoscopic Surgeons, Developed and Distributed by the SAGES Continuing Education Committee, accessed 8 October 2012; (c) *Practice/Clinical Guidelines: Guidelines for Diagnostic Laparoscopy,* Society of American Gastrointestinal and Endoscopic Surgeons (SAGES) (2007), accessed 10 October 2012; (d) *Principles of Laparoscopic Hemostasis,* accessed 10 October 2012.

[8] Basilio, P. (2009) Minimally invasive, minimal drawbacks. *Vet. Forum,* **26(11)**, 8–14.

[9] Mayhew, P. (2008) Modified sutureless Hasson technique for abdominal access. *Compend. Contin. Educ. Vet.,* **30(8)**.

[10] Merck (2013) *Thoracoscopy and Video-Assisted Thoracoscopic Surgery,* www.merckmanuals.com, accessed 2 April 2013.

[11] Lewis, R.J. (1996) VATS is not thoracoscopy. *Ann. Thorac. Surg.,* **62(2)**, 631–632.

[12] Malhotra, R. (2011) *Medical Thoracoscopy,* http://emedicine.medscape.com, accessed 2 April 2013.

[13] Twedt, D. (2001) *Gastrointestinal Endoscopy in Dogs and Cats.* Ralston Purina, St Louis, MO.

[14] Dieter, R.A. Jr and Kuzyçz, G.B. (1997) Complications and contraindications of thoracoscopy.*Int. Surg.,* **82(3)**, 232–239.

[15] Garcia, A. and Mutter, D. (2003) *VideoMonitor.*WeBSurg.com, www.websurg.com/doi-ot02 en307a.htm, accessed 7 October 2012.

[16] Moore, A.H. and Ragni, R.A. (eds) (2012) *Clinical Manual of Small Animal Endosurgery.* Blackwell Publishing, Oxford.

[17] Mayhew, P., Dunn, M., and Berent, A. (2013) Surgical views: thoracoscopy: common techniques in small animals. *Compend. Contin. Educ. Vet.,* **35(2)**, E1.

[18] Mayhew, P.D., Culp, W.T., Mayhew, K.N., and Morgan, O.D. (2012) Minimally invasive treatment of idiopathic chylothorax in dogs by thoracoscopic thoracic duct ligation and subphrenic pericardiectomy: 6 cases (2007–2010). *J. Am. Vet. Med. Assoc.,* **241(7)**, 904–909.

[19] McCarthy, T.C. (ed.) (2005) *Veterinary Endoscopy for the Small Animal Practitioner.* Elsevier Saunders, St Louis, MO.

[20] Monnet, E. (2009) Interventional thoracoscopy in small animals. *Vet. Clin. North Am. Small Anim. Pract.,* **39(5)**, 965–975.

[21] Pizzi, R. (2009) *Laparoscopic Correction of a Canine Gastric Dilatation and Volvulus* (GDV). Veterinary Laparoscopy, www. veterinarylaparoscopy.com, accessed 12 October 2012.

[22] Sony Corporation of America (2015). *Product Catalog.* www.sony.com, accessed 17 April 2015.

[23] Stryker (2015) Endoscopy. *Product Catalog.* www.stryker.com, accessed 17 April 2015.

[24] Abarkar, M., Sharifi, D., Kariman, A.A., et al. (2007) Evaluation of intraoperative complications in pericardiectomy with transdiaphragmatic thoracoscopic approach in dog. *Iran. J. Vet. Surg. (IJVS),* **2(4)**, 62–68.

[25] Lansdowne, J.L., Mehler, S.J., and Bouré, L.P. (2012) Minimally invasive abdominal and thoracic surgery: principles and instrumentation. *Compend. Contin. Educ. Vet.,* **34(5)**, E1.

[26] Bennett, A. (2009) Minimally invasive surgery – laparoscopy and thoracoscopy. In *Proceedings of the SEVC Southern European Veterinary Conference,* 2–4 October 2009, Barcelona.

[27] De Rycke, L.M., Gielen, I.M., Polis, I., Van Ryssen, B., van Bree, H.J., and Simoens, P.J. (2001) Thoracoscopic anatomy of dogs positioned in lateral recumbency. *J. Am. Anim. Hosp. Assoc.,* **37(6)**, 543–548.

[28] Richard Wolf Medical Instruments (2015) Endoscopy. *Product Catalog.* www.richardwolfusa .com, accessed 17 April 2015.

[29] Wikipedia (2012) *Laparoscopic Surgery.* www.wikipedia.org/wiki/Laparoscopic_surgery, accessed 7 October 2012.

[30] Akridge J. (2012) Operating room – high-tech surgical suites pursuing high-def tools.*Healthcare Purchasing News,* October 2012. www.hpnonline.com/inside/2012-10/1210-ORDisplays. html, accessed 17 April 2015.

[31] Conmed (2015) Endosurgery. *Product Catalog.* www.conmed.com, accessed 17 April 2015.

[32] Mayhew, P.D. (2013) Surgical views: thoracoscopy: basic principles, anesthetic concerns, instrumentation, and thoracic access. *Compend. Contin. Educ. Vet.,* **35(1)**, E3.

[33] Olympus America (2015) *Surgical Product Catalog.* www.olympusamerica.com, accessed 17 April 2015.

[34] Runge, J.J. (2012) Have you attempted to de-rotate and gastropexy a GDV laparoscopically? If not… What has prevented you from doing this? 2. What is your preferred method of abdominal access, Hasson Technique or Veress Needle, and why? Vet Forum, http://vetforum.com, accessed 26 January 2013.

[35] Tams, T.R. and Rawlings C.A. (2011) *Small Animal Endoscopy,* 3rd edn. Elsevier Mosby, St Louis, MO.

[36] Fuller, J., Scott, W., Ashar, B., and Corrado, J. (2003) T*rocar Injuries: a Report from a* U.S. *Food and Drug Administration (FDA) Center for Devices and Radiological Health (CDRH) Systematic Technology Assessment of Medical Products (STAMP) Committee: FDA Safety Communication.* US Food and Drug Administration, Silver Spring, MD. http://www.fda.gov/ MedicalDevices/ Safety/AlertsandNotices/ucm197339.htm, accessed 17 April 2015.

[37] Kolata, R. (2010) *Laparoscopic Abdominal Access and Prevention of Injury.* Ethicon Endo-Surgery, Cincinnati, OH.

[38] Karl Storz (2012) *Endoscopy Product Catalogue.* www.karlstorz.com, accessed 17 April 2015.

[39] Emergency Care Research Institute (ECRI) (1994) *Health Devices, Use of Wrong Gas in Laparoscopic Insufflator Causes Fire Hazard.* www.mdsr.ecri.org, accessed 8 October 2012.

[40] Veit, S. (2012). The era of VATS lobectomy. In *Topics in Thoracic Surgery* (ed. Cardoso, P.), Chapter 12. InTech, Rijeka, Croatia,www.intechopen.com/books/topics-in-thoracic-surgery /the-era-of-vats-lobectomy, accessed 17 April 2015.

[41] Inan, A., Sen, M., Dener, C., and Bozer, M. (2005) Comparison of direct trocar and Veress needle insertion in the performance of pneumoperitoneum in laparoscopic cholecystectomy. *Acta Chir. Belg.,* **105(5)**, 515–518.

[42] Miller, R.D., Cohen, N.H., Eriksson, L.I., Fleisher, L.A., Wiener-Kronish, J.P., and Young W.L. (eds) (2014) *Miller's Anesthesia,* 8th edn. Elsevier Saunders, Philadelphia, PA.

[43] Ott, D.E. (2005) *Pneumoperitoneum: Production, Management, Effects and Consequences.* Society of Laparoendoscopic Surgeons, http://laparoscopy.blogs.com, accessed 17 April 2015.

[44] Ternamian, A.M. and Deitel, M. (1999) Endoscopic threaded imaging port (EndoTIP) for laparoscopy: experience with different body weights. *Obes. Surg.,* **9(1)**, 44–47.

[45] (a)Pascoe, P.J. (2007) Thoracic surgery. In *BSAVA Manual of Canine and Feline Anaesthesia and Analgesia,* 2nd edn (ed. Seymour, S. and Duke-Novakovski, T.). British Small Animal Veterinary Association, Gloucester, Chapter 21; (b) Peláez, M. and Jolliffe, C. (2012) Thoracoscopic foreign body removal and right middle lung lobectomy to treat pyothorax in a dog. *J. Small Anim. Pract.,* **53(4)**, 240–244.

[46] Lawrentschuk, N., Fleshner, N.E., and Bolton, D.M. (2010) Laparoscopic lens fogging: a review of etiology andmethods to maintain a clear visual field. *J. Endourol.,* **24(6)**, 905–913.

推荐阅读

[1] Amann, K. and Haas, C.S. (2006) What you should know about the work-up of a renal biopsy. *Nephrol. Dial. Transplant.,* **21(5)**, 1157–1161.

[2] De Noto, G. (2012) *SILS™: Cholecystectomy.* Surgical Videos, www.covidien.com/covidien/videos, accessed 7 October 2012.

[3] García, F., Prandi, D., Peña, T., Franch, J., Trasserra, O., and de la Fuente, J. (1998) Examination of the thoracic cavity and lung lobectomy by means of thoracoscopy in dogs. *Can. Vet. J.,* **39(5)**, 285–291.

[4] Jiménez Peláez,M., Bouvy, B.M., and Dupré, G.P. (2008) Laparoscopic adrenalectomy for treatment of unilateral adrenocortical carcinomas: technique, complications, and results in seven dogs. *Vet. Surg.,* **37(5)**, 444–453.

[5] Lipscomb, V.J., Hardie, R.J., and Dubielzig, R.R. (2003) Spontaneous pneumothorax caused by pulmonary blebs and bullae in 12 dogs. *J. Am. Anim. Hosp. Assoc.,* **39(5)**, 435–445.

[6] McCarthy, T.C. (1999) Diagnostic thoracoscopy. *Clin. Tech. Small Anim. Pract.,* 14(4), 213–219.

[7] McCarthy, T.C. (ed.) (2005) *Veterinary Endoscopy for the Small Animal Practitioner.* Elsevier Saunders, St Louis, MO.

[8] Monnet, E. (2012) Thoracoscopy: what is possible? In *Proceedings of ACVS Veterinary Symposium 2012.* American College of Veterinary Surgeons, Germantown, MD, pp. 214–218.

[9] Moore, A.H. and Ragni, R.A. (eds) (2012) *Clinical Manual of Small Animal Endosurgery.* Blackwell Publishing, Oxford.

[10] Mutter, D., Garcia, A. and Jourdan, I. (2005) *Endoscopes.* WeBSurg.com, www.websurg.com/ doi-ot02en308a.htm, accessed 6 October 2012.

[11] Pizzi, R.(2009) *Diagnostic Laparoscopic Surgery in a Bush Dog.* Veterinary Laparoscopy, www.veterinarylaparoscopy.com, accessed 12 October 2012.

[12] Plesman, R., Johnson, M., Rurak, S., Ambrose, B., and Shmon, C. (2011) Thoracoscopic correction of a congenital persistent right aortic arch in a young cat. *Can. Vet. J.,* **52(10)**, 1123–1128.

[13] Runge, J.J. (2011) *Thoracoscopic Pyothorax Lavage.* Vet Forum, http://vetforum.com, accessed 26 January 2013.

[14] Runge, J.J. (2012) The cutting edge: introducing reduced port laparoscopic surgery. *Today's Vet. Pract., 2(1),* 20.

[15] Smith, R.R., Mayhew, P.D., and Berent A.C. (2012) Laparoscopic adrenalectomy for management of a functional adrenal tumor in a cat. *J. Am. Vet. Med. Assoc.,* **241(3)**, 368–372.

[16] Thoracoscopy (2013). *Stedman's Medical Dictionary.* Dictionary.com, www.dictionary.reference .com/browse/thoracoscopy, accessed 2 April 2013.

[17] Veterinary Laparoscopy (2012). *Instruments and Equipment Review.* www.vetlapsurg.com, accessed 8 October 2012.

[18] Walsh, P.J., Remedios, A.M., Ferguson, J.F., Walker, D.D., Cantwell, S., and Duke, T. (1999) Thoracoscopic versus open partial pericardiectomy in dogs: comparison of postoperative pain and morbidity. *Vet. Surg.,* **28(6)**, 472–479.

第10章　关节内镜检查

Susan Cox

关节内镜检查在20世纪70年代早期跟马属兽医学一起被引入兽医界。并在70年代末首次应用于小动物手术。

关节内镜检查是指使用内镜检查任何关节的内部。肘关节、肩关节和膝关节是最常见的部位。套管放置在关节周围的重要位置，然后关节内镜通过套管插入关节内，以便观察。器械套管也可置入关节内，以使其更加多功能。

与关节切开术相比的优点包括：

- 使用关节内镜光学放大关节
- 微创——对高度神经支配关节囊的创伤较小
- 由于切口更小，术后疼痛更小，患病动物恢复时间更短，因此肢体可以更快地活动

缺点包括需要增加知识基础，需要熟练掌握手术技巧，以及设备成本和设备维修费用高。许多兽医会议有介绍关节内镜检查的内容，但没有如何协助关节内镜兽医的内容。由兽医技术员负责设备，准备手术，并进行外科协助。与关节内镜兽医一起为每个患病动物制定麻醉、手术和术后计划，并讨论有关患病动物或设备的问题。

设备和器械

关节内镜检查是在手术室使用严格的无菌技术进行的外科手术。因此，必须对所有与关节接触的设备进行无菌处理。熟悉设备是很重要的，例如，一些器械可能需要拆卸以进行适当的灭菌，不同制造商的关节内镜和套管可能不兼容。此外，请向制造商核实灭菌指南，因为有些器械可能无法进行高压灭菌。

关节内镜或称硬质可视内镜，是关节内镜检查的主要设备，也用于雌性膀胱内镜检查和鼻内镜检查。常用直径为2.7mm和2.4mm，用于腕关节或跗关节的关节内镜检查直径为1.9mm。平均工作长度是12cm或更短，但是也有18cm的关节内镜。兽医使用的大多数关节内镜有30°视野（FOV），但也有0°和70°视野。这个工作长度分为短（8.5cm）和长（13cm）两种，短的（8.5cm）更容易在肘部使用，长的（13cm）则用于肩部或膝盖。由于直径较小和光纤的脆弱性，关节内镜应始终与套管一起使

用，绝不能在关节内弯曲。示例如图10.1所示。

关节内镜是通过套管引入关节的，是一种空心的钢管。套管支撑进入关节的入口，保护关节内镜，并允许液体进入关节间隙。关节内镜和套管一起锁在近端。如图10.2所示，闭孔器（钝头）或套管针（尖头）安装在套管内，作为进入关节的初始"引导"。闭孔器最常用于兽医关节内镜检查（对软骨损伤较小）。

小尺寸手持器械对于减少创伤和提高在关节间隙内的准确性至关重要。关节内镜检查包应包括基本手术包和如下所述器械。直角探头（图10.3）在工作端有90°弯曲，可用于在骨骼和组织下进行探查以及在关节内回缩。抓钳有鳄口式下巴，用来去除骨头和软骨。咬骨钳的使用很像抓钳，但有尖锐的杯状下巴来挖取关节组织。还应包括开放式和闭合式刮匙用于清除软骨和骨头（参见图10.4）。还有许多其他类型的手持器械可被添加到关节内镜检查包中。有关更多信息，请参见推荐阅读。

电动刀头是一种电动工具，可以快速准确地去除骨软骨和软组织。一次性电动刀头连接在手柄上。手柄连接在控制箱上作为电源。刀头的前后摆动由手柄或脚踏板控制。刀头被放置在斜口套管内，并且可以根据正在进行的手术来改变。刀头套管还有一个吸引连接头，用于除去剃刀刮除的小块关节组织。在组装前确保刀头室干燥。

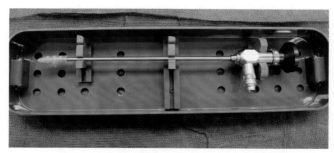

图10.1   高压灭菌器械托盘内的关节内镜。光线电缆连接在光导连接头上，摄像机连接在目镜上

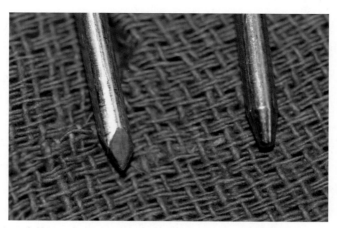

图10.2   闭孔器（钝头）和套管针（尖头）安装在套管内并建立进入关节间隙的入口

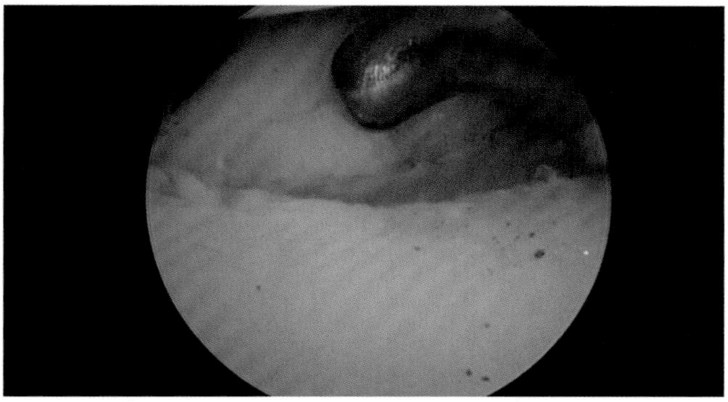

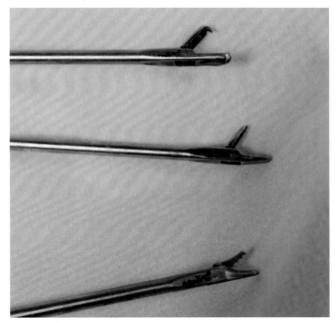

图10.3　肘关节内镜检查下可见钝性探头。注意放大后的影像，以便对关节间隙进行彻底检查

图10.4　三种类型的钳子工作端：自上而下，带钩的咬钳，取物钳和剪钳

　　肘关节内镜检查中使用的关节内镜如图10.5所示。由于有大量的液体更换，建议使用塑料创巾覆盖整个患病动物。外科内镜兽医在手术部位上开窗，如图10.6所示。塑料材料有助于避免纸质或棉质创巾浸湿造成污染。

　　射频和电凝单元也被用来烧烙血管，并作为关节间隙内的组织消融工具。它们有双极型和单极型两种。该单元包括控制箱，脚踏板和带端头的手柄。

　　必须在关节内建立一条供观察的液体通道。血液和组织碎片会使小的观察区域蒙上一层"雾"，

图10.5 关节内镜检查中使用的关节内镜，使用18Fr针头（蓝色箭头）作为液体出口。动物处于左侧卧位

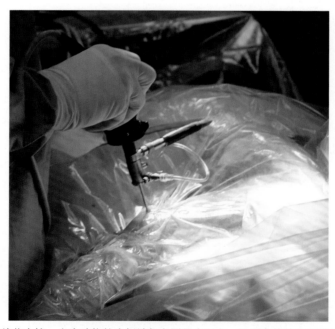

图10.6 关节间隙内的关节内镜，患病动物的头侧端朝向图的右下方。透明液体管和光缆连接在护套上

因此0.9%的生理盐水或乳酸林格液必须经常更换。液体输注也会使关节膨胀，使视野更开阔，因此需要液体进出系统。套管具有一个端口，用于连接液体使用套组以供液体进入。如果一开始就知道关节内镜检查手术要延长，那么可以考虑在液体压缩袋（如图10.7所示）内放置3～5L的大液体袋。可以使用液体泵，并能以稳定的设定速率输注液体，这在使用电动刀头时非常有用。

关节内镜检查需要一个可以灭菌的摄像头。摄像机通过目镜上的C形夹连接到关节内镜上。无菌的光缆也连接到关节内镜的光导端口。光缆和关节内镜上的端口和连接头随制造商的不同而不同，因此可能需要光缆适配器来稳定连接。市面上的大多数摄像头都有控制白平衡的按钮，以及视频和影像捕获功能。请与制造商核实灭菌指南。

摄像机箱，光源，影像捕获，剃刀控制箱，可选的液体泵和电凝装置应保存在可移动部件台上。部件台应配备一个摆臂，用于安装医疗级视频显示器，并配备可移动的带轮架子，以便摆放在手术室的不同位置。

关节摆位辅助工具可在市场上买到，也可根据关节内镜兽医的偏好定制，如图10.8所示。真空豆袋摆位垫有助于将犬保持在所需位置。

框10.1为设备清单。

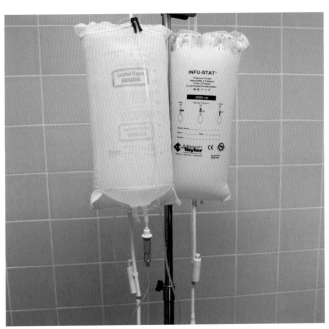

图10.7　压缩袋内的大容量液体袋，用于关节冲洗。无菌延长套组连接到输注套组和入口系统

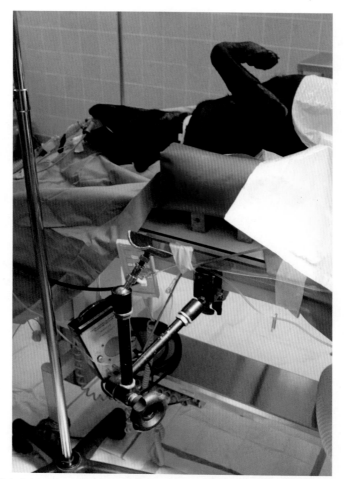

图10.8　肘关节内镜检查的摆位器，肘关节下面放一个枕垫（红色）。一个定制的肘关节摆位器保持前肢手掌向下，从而打开关节间隙

患病动物准备

除了最小数据库外，接受关节内镜检查的患病动物可能需要术前计算机断层扫描（CT），X线片和关节超声，以便在关节内镜检查前正确评估病变的关节。这些可能需要在麻醉诱导后进行，并应纳入麻醉计划。

建议对病变肢体大面积剃毛。关节的旋转操作是必要的，关节切开术可能是最好的方法。包裹和悬挂病变肢体的远端可以辅助进行外科准备。应进行初步的外科擦洗，并在手术室（OR）进行最后的准备。

如图10.9所示，两个关节（即肘部）可能需要关节内镜检查。所有额外的覆盖物和手术材料都应备在旁边，以减少动物的手术和麻醉周转时间。

框10.1　设备清单

- 部件台
  - 摆臂上的视频显示器
  - 摄像机盒
  - 光源
  - 影像捕获设备
  - 电动剃刀盒
  - 液体泵
  - 高频电凝止血单元
- 无菌摄像机
- 无菌光缆
- 带无菌吸引管的吸引泵
- 塑料隔离创巾
- 摆位辅助
  - 真空豆袋摆位垫
  - 肢体摆位器
- 固定在地面上的吸水垫
- 关节内镜
  - 2.7mm或2.4mm最常见
- 套管
  - 套管针——尖头
  - 闭孔器——钝头
- 液体
  - 乳酸林格液——两袋3L或5L
  - 生理盐水0.9%——两袋3L或5L
- 剃刀
  - 一次性切削刀头，直径2.5 ~ 4.0mm
  - 须毛刀头，直径2.5 ~ 4.0mm
- 基础手术包
  - 手术刀片——关节内镜
  - 有生理盐水的碗和12mL注射器
  - 6个$1^1/_2$ 18Fr或22Fr针
  - 非吸收性缝线——关节内镜
- 基础手持器械套组
  - 90° 钩形探头
  - 抓钳
  - 关节内镜咬骨钳
  - 刮匙，直径2 ~ 3mm
    - 开放式
    - 闭合式
  - 关节内镜剪刀，直径2 ~ 3mm
  - 骨凿，直径2 ~ 3mm

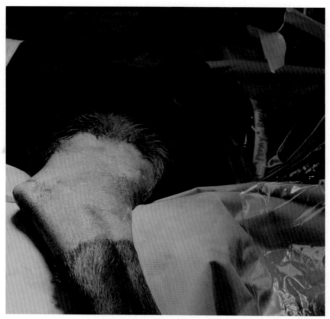

图10.9　准备好肘关节进行内镜检查。肘部内侧剃毛，并在4cm×4cm纱布海绵上交替浸润洗必泰和70%酒精对肘部内侧准备。在手术室内用无菌手套、纱布等准备好该区域，在覆盖前静置3min

手术用品的准备

手术室的布置应使关节内镜兽医在手术过程中能很容易地看到视频显示器。关掉头顶上的灯是为了更好地观察显示器。内镜台还应便于摄像头和光导的连接。外科内镜兽医或助手应在可触及范围内进行脚踏控制。吸水垫可以粘在地面上，吸收盐分，防止滑倒。手术台应能倾斜，并根据关节内镜兽医的要求降低或升高。摆位辅助装置也必须牢固地连接到手术台上。典型的手术室布置如图10.10和图10.11所示。

一般关节内镜检查

- 全身麻醉
- 病变肢体剃毛和初步外科处理
  - 如有需要，将爪包裹并悬挂在杆上
  - 技术人员戴上口罩，检查手套
- 转移至手术室
- 病变肢体从杆上移除并摆放到位
- 最终外科准备

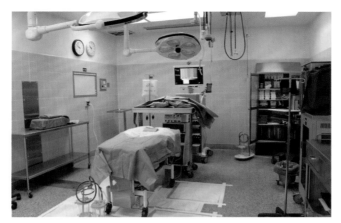

图10.10 准备好的手术室用于关节内镜检查。吸水垫粘在地面上以吸收液体。监护台位于器械台后面。一个额外的器械台放置视频设备、剃刀手柄和器械

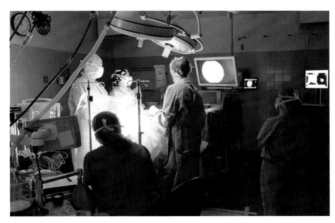

图10.11 正在进行关节内镜检查的手术室。关掉顶灯，显示器放置在任意角度都可以观看的地方。计算机断层扫描影像也可提供（图右侧）

- 动物覆盖/手术器械布置
- 在套管放置处刺入
- 套管放置前膨胀关节
  - $1\frac{1}{2}$的22Fr针放置在入口位置
  - 注入6 ~ 15mL 0.9%生理盐水
  - 当关节充分膨胀时，活塞将从注射器中退出
  - 取下针头
- 放置套管和套管针
  - 在进入关节间隙时取出套管针并推进套管
- 插入关节内镜并锁定到套管上

- 连接液体管路
  - 检查前让液体重新膨胀关节
  - 如果需要更换液体，放置出口针
- 在关节内定位摄像机和关节内镜
  - 确定左右方向
  - 解剖学参照物
    - 肘部——肘突
    - 肩部——臂二头肌腱
    - 膝关节——髁间窝
- 关节检查
  - 找出问题
  - 进行适当的手术
  - 可能需要额外的器械入口
- 重新发现和冲洗关节
  - 冲洗和移除任何组织/骨碎片
- 移除器械
- 切口缝合
- 鼓励内镜兽医完成手术报告

肘关节内镜检查

- 仰卧位，内侧通路
- 病变肘部准备
  - 掌骨中段至臂骨中段剃毛
  - 包裹掌部/暴露的毛发
  - 初步擦洗
  - 转移至手术室
- 根据关节内镜兽医的要求摆位
  - 肘部侧边放沙袋
  - 定制的摆位器（参见图10.8）
    - 将肘关节内旋以打开关节（外翻应力）
    - 将肘部绑在摆位器上保持内旋（参见图10.12）
- 手术室中进行最终准备
- 用生理盐水使关节膨胀
- 放置端口

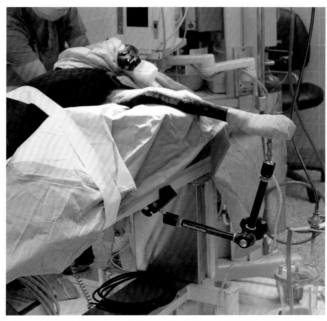

图10.12 患病动物摆位进行肘关节内镜检查。将犬置于腹背位，左肘固定于摆位器上，以便进行内侧通路。一块塑料创巾覆盖整个患病动物

- 适应证和治疗
  - 内侧冠状突碎裂（FCP）
    - 确定为
      - 有缺陷的软骨碎片，如图10.13所示
    - 治疗
      - 部分冠状突切除术
        - 计算机断层扫描可以帮助显示碎片
        - 清除异常组织碎片
          - 用剃刀或骨凿打碎大块碎片，抓钳取出碎片
        - 电动剃刀/刮匙使冠状突表面平滑
        - 微骨折促进纤维软骨和愈合
        - 检查关节是否有遗漏的碎片
        - 将所有碎片从关节中冲出
        - 移除器械，缝合切口
    - 清除碎片所需的器械
      - 电动剃刀装置
      - 刮匙

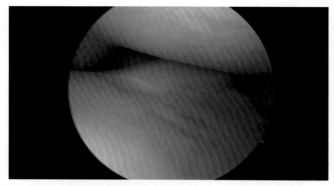

图10.13　肘关节内镜检查下可见内侧冠状突碎裂

□ 鳄口式抓钳

□ 骨凿

□ 70° 微骨折镐

■ 患病动物术后护理——与关节内镜兽医核实指南

□ 疼痛控制

□ 不需要绷带

□ 冷敷

－ 减轻疼痛和肿胀

－ 肘部冰袋

□ 限制运动

□ 预约复查

○ 分离性骨软骨炎（OCD）

■ 影响大型犬种

■ 确定为左侧外侧髁内侧部分软骨片松动

■ 治疗

□ 用抓钳移除软骨片

□ 用刮匙或电动剃刀清创

□ 微骨折促进纤维软骨和愈合

□ 生理盐水冲洗

□ 取出器械，缝合切口

■ 器械——与内侧冠状突碎裂相同

■ 患病动物术后护理——与内侧冠状突碎裂相同

○ 肘突离裂

■ 主要是幼犬

- 尺骨近端与肘部联合失败
- 许多患病动物并发内侧冠状突碎裂
- 治疗
  - 纠正内侧冠状突碎裂
  - 评估关节。如果需要，关节内镜可以协助关节切开术矫正
  - 肿瘤
    - 滑膜肉瘤最常见
    - 异常组织的可视化和杯状活检钳活检

肩关节内镜检查

- 全身麻醉
- 侧卧位
- 肩胛骨以上和肘部以下之间的区域剃毛，如图10.14所示
- 包腿至肘部，然后进行外科擦洗
- 转移至手术室
- 单侧关节内镜检查
  - 外科兽医和助手站在手术台一侧，内镜台在手术台的另一侧
- 双侧关节内镜检查
  - 内镜台对着器械台
  - 另一侧肩部剃毛；当翻转时进行外科准备
- 病变肩部处于中间位置，如图10.14和图10.15所示
  - 与地面平行
  - 用梅奥（Mayo）架和四肢摆位器支撑
- 给动物覆盖好创巾并准备器械
- 建立出水通道
  - 首先放置出水套管或$1^1/_2$ 16 ~ 18Fr针
  - 如果有必要，收集关节液样本
- 通过出口用0.9%生理盐水或乳酸林格液扩张关节
- 在关节内镜入口和液体入口建立时，助手握住注射器活塞
- 放置器械入口
- 在关节内定位摄像机方向
- 助手可能需要旋转肢体，以实现全肩关节可视化
- 检查关节
  - 找出问题

- ○ 进行适当的手术
- 重新膨胀和冲洗关节
  - ○ 冲洗并清除任何组织/骨碎片
- 移除器械
- 切口缝合
- 适应证
  - ○ 分离性骨软骨炎

图10.14　肩关节内镜检查术后的患病动物。注意放置端口的切口。超出肩胛骨的大面积剃毛

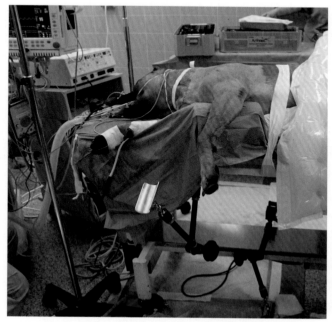

图10.15　左肩关节内镜检查。动物处于右侧卧位。摆位辅助与肘关节内镜检查相同

- ■ 软骨碎片从关节表面脱落
  - □ 可以完全分离和自由漂浮
- ■ 通常为双侧
- ○ 器械
  - ■ 2.7mm或2.4mm关节内镜
  - ■ 鳄口式抓钳
  - ■ 探头
  - ■ 器械套管
  - ■ 电动剃刀/刮匙
  - ■ 可选项目
    - □ 高频设备
    - □ 液体泵
- ○ 治疗
  - ■ 用探头抬起软骨片
  - ■ 将小连接件留在手术部位，取下探头
  - ■ 鳄口钳移除软骨片
    - □ 可能需要在老年犬身上移除碎片
  - ■ 清除所有松动的软骨
    - □ 电动剃刀或刮匙
  - ■ 冲洗关节
    - □ 冲洗并清除任何组织/骨碎片
  - ■ 取出器械
  - ■ 切口缝合
- ○ 患病动物术后护理
  - ■ 限制活动4~6周或听从临床兽医建议
- • 二头肌腱鞘炎
  - ○ 适应证
    - ■ 二头肌腱部分撕裂
  - ○ 器械
    - ■ 2.7mm或2.4mm关节内镜
    - ■ 探头
    - ■ 器械套管
    - ■ 15号手术刀片及刀柄
    - ■ 高频装置
    - ■ 液体泵

- 治疗
  - 器械入口放置于二头肌腱的内侧或外侧
  - $1\frac{1}{2}$ 22Fr针，位于肱二头肌肌腱近端，内侧或外侧
  - 手术刀插入关节，在针头附近切断肌腱，或将高频设备通过器械通道横断肌腱
  - 冲洗关节
    - 冲洗并清除所有碎屑
  - 取出器械
  - 切口缝合，如图10.15所示
- 患病动物术后护理
  - 限制运动4周
- 肿瘤
- 检查关节
- 使用关节内镜活检钳采集样本
  - 冲洗关节
    - 冲洗并清除所有碎屑
  - 取出器械
- 切口缝合

膝关节内镜检查

- 适应证
  - 稳定前先进行前十字韧带残端清创术
  - 半月板检查
    - 清除撕裂部分
  - 分离性骨软骨炎清创术
  - 活检
    - 关节内肿瘤
    - 滑膜
  - 评估膝关节
- 全身麻醉
  - 术前1周停止阿司匹林治疗
  - 硬膜外麻醉（临床兽医偏好）
- 从跖骨中部到髋关节剃毛
- 包裹掌部，悬吊肢体（关节内镜兽医偏好），外科擦洗，转移至手术室
- 仰卧位

- 　　○ 手术台头端倾斜（关节内镜兽医偏好）
- 　　○ 关节内镜兽医和助手在手术台尾部工作
- 　　○ 患病动物上方的器械台
- 　　○ 内镜台在手术台一侧
- 　　○ 真空豆袋设备有助于支撑患病动物
- 给患病动物覆盖好创巾并准备器械
- 器械
  - 2.7mm关节内镜
  - 电动剃刀装置
  - 电频装置
  - 液体泵
  - 探头，抓钳，活检钳，刮匙
- 建立端口，液体入口/出口，套管或针头
- 检查膝关节
  - 助手可能需要弯曲/伸展肢体，以实现所有区域的最佳可视化
    - 外翻应力
    - 弯曲
    - 外旋
- 进行治疗选择
- 关节冲洗与最终检查
  - 如果不进行硬膜外麻醉，关节内注射布比卡因（临床兽医偏好）
    - 可使用出口套管/针头
- 切口缝合
- 进行关节切开术，或让动物苏醒
- 术后护理
  - 患肢放置罗伯特琼斯（Robert Jones）绷带12～24h
  - 冷敷
  - 非甾体抗炎药，阿片类药物，芬太尼贴片（临床兽医偏好）
  - 体重控制（长期）
  - 限制运动：笼子中休息
- 鼓励外科内镜兽医完成手术报告

样品收集和处理

　　需以无菌方式收集关节液，可以提交细胞学评估，或放在培养拭子上进行厌氧培养。可收集关节

组织样本并放入标记的福尔马林罐中进行评估。

并发症

在手术部位可以看到由于液体交换而形成的皮下积液引起的肿胀。将罗伯特琼斯绷带放置在肘关节或膝关节处24h可能会有好处（如图10.16所示）。肩关节内镜检查后关节囊外积液应在24h内吸收。可能会发生植入失败或移位（肘突离裂、骨折），需要解决。

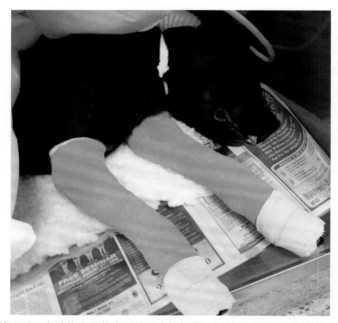

图10.16　肘关节内镜检查后，在动物麻醉状态下放置支撑绷带。绷带要（尽量）保留整夜

致谢

笔者要感谢加州大学戴维斯分校兽医教学医院（UC Davis VMTH）的小动物骨外科服务机构对本章的帮助。

推荐阅读

[1]　Beale, B.S., Hulse, D.A., Schulz, K., and Whitney, W.O. (2003) *Small Animal Arthroscopy.* W.B. Saunders, Philadelphia, PA.
[2]　Tams, T.R. and Rawlings, C.A. (eds) (2011) *Small Animal Endoscopy,* 3rd edn. Elsevier Mosby, St Louis, MO, pp. 607–621.

第11章　终极内镜检查套件

Susan Cox

医疗机构不断建设最先进的内镜检查室，以满足患病动物的高需求和内镜技术的变化。虽然一个专门的内镜检查和用后处理装置对大多数动物医院来说是非常昂贵的，但设定一些目标并使其适应兽医行业将提高效率和降低维修成本。

内镜检查套件应该由两个房间组成：

1. 内镜检查手术室——手术室必须适用于所有内镜检查手术。装有手术用品和内镜部件的移动推车都被放置在这里。
2. 用后处理室——在手术台旁初步清洁内镜（管道测试和冲洗）后，将内镜和其他相关器械运送至此处进行彻底清洁和消毒。

内镜检查手术室

理想情况下，内镜检查手术室应位于建筑物内部，不要有窗户。也可考虑邻近急救服务或重症监护室（ICU），因为可以对危重患病动物进行支气管内镜检查等手术。必须将小型应急推车（参见图11.1）放在容易触及的地方。推车应定期备货和检查。医院级的电气插头也应该在房间周围有间隔地分布——靠近地面，且和桌子一样高度。

地面、墙壁、柜台和工作站等表面应易于清洁和消毒。部件应简单，可以移动和/或拆卸，以便清理。容易积聚灰尘和污垢的物品，如一些不必要的装饰或其他非必要的水平工作表面，不应该被放置在检查室，也应避免使用不能擦拭的墙面覆盖物。利器盒和生物危害容器应该放置在房间周围，方便使用。

图11.2所示的医疗级视频显示器可以安装在墙壁上，也可以放置在专门设计用来支撑医疗设备的关节臂上，关节臂安装在天花板上。这样就可以邀请医院成员一起参与内镜检查手术，也是对垂直空间的有效利用。它还减轻了绊到或滚卷视频线的问题。根据所进行的内镜检查，也可以旋转显示器。视频处理器、光源和视频捕获设备等部件也可以安装在类似的摆臂台上，摆臂台包括可调节的搁架。

也可选择带可调节搁架的轮式台。这让内镜检查成为可移动的并增加了灵活性。内镜检查台可供

图11.1 加州大学戴维斯分校威廉·R. 普里查德（Wiuiam Rritchard）兽医教学医院内镜检查室的急救箱。它位于两个手术台之间，在紧急情况下很容易被拿到。紧急药品放在最上面的抽屉里，可以方便取用。气管插管、喉内镜、压式苏醒球和其他必需品也存放在这里

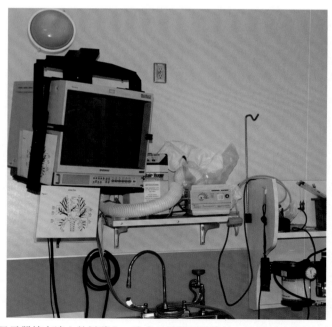

图11.2 医疗级的视频显示器挂在墙上的摇臂上。这个显示器可以旋转，以便可以从任何角度观看手术台。支气管图粘贴在显示器的前面，供支气管内镜检查时参考。搁架放置了加热垫（中间）和麻醉设备，可以利用垂直空间

危重且不能移动的患病动物使用，或者如果手术室需要内镜检查台进行无菌手术。当今生产的大多数移动内镜检查台都有一个可摆动的臂来容纳显示器和可调节的搁架，以适应不同高度的部件（参见图11.3）。内镜检查推车的后部有一扇门，可以连接到视频端口。当手推车推过门道和粗糙的表面时，连接可能会断开，因此这个特性变得非常重要。推车选项包括用于腹腔内镜检查的氮气容器的框架，一个滑出式键盘架和一根输液杆的连接头。一个医疗级的插排除了应该与部件一起使用，也应与重型绳索缠绕在一起。

　　移动手术推车是内镜检查室的另一个重要组成。这些推车装有特定的手术物品，如膀胱内镜检查或胃内镜检查（参见图11.4）。例如，膀胱内镜检查使用的小无菌物品，如活检端盖口和导丝导入器，这些物品应该放在一个推车中，如图11.5所示。推车可以运出手术室，也可以方便地搬到医院其他区域的护理点，或者在手术室的手术台边进行内镜检查。一般的物资推车也可以用来存放每个手术的物品——检查手套、活检设备、注射器、纱布、手术棉等。这些推车应该有一个平面顶层，可以方便放置活检样本和记录结果。

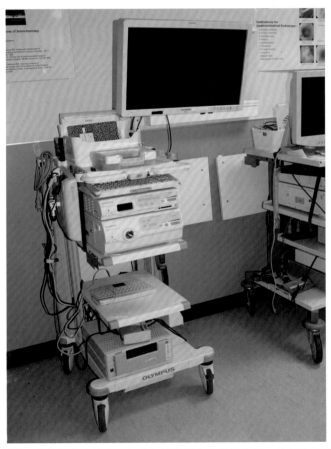

图11.3　能移动到医院其他地方的视频内镜台。组成包括视频和全光纤内镜、具有望远镜功能的部件，以及不同制造商内镜的适配器，还包括影像捕获设备。显示器安装在与推车相连的摆臂上

图11.4 用于手术的移动存储车示例。这些推车有坚固的轮子，用于储存多种手术项目，如检查手套、吸引罐、注射器和活检配件

　　根据手术和临床兽医的偏好，内镜检查的患病动物必须相对于视频显示器进行摆位。带有坚固可锁车轮的移动手术台/轮床可以用来运送患病动物。为适应大型犬，轮床也应该是稳固且可调高度的。由于手术台的回转半径，周围的地面应保持干净。麻醉机随着手术台移动。也可以选择附有水槽的带格栅的手术台的轮床，这样可以方便地进行术后清理。

　　内镜室的照明是很有挑战性的，最好在暗室里观察内镜检查显示器。相反，进行小样本活检和麻醉监护需要一定程度的光线来完成这些试验。工作站上的照明，包括外科手术台上方的旋转臂照明和机柜下的照明，可以直接从内镜兽医的视野中离开。

　　手术室周围应设置多个工作站。带有电话、计算机和实验室表格的小桌子可用于回顾患病动物病史、数字射线照片（DR）和完成内镜检查报告。显微镜工作站（参见图11.6）在手术中和手术后，对于制作、染色和复查抹片或细胞学切片也是至关重要的。双机头教学显微镜可以让小组成员都参与进来。

　　储物对于任何兽医诊所来说都是一个持续的问题，所以可以利用墙壁空间安装可调节的橱柜和搁架来放置吸引罐、钳子、内镜配件等。物品推车可以很容易地从橱柜中补充储存，以避免短缺。在每个橱柜的外面贴上标签，这样可以很快地找到并取出物品。

　　所有内镜（超薄内镜除外）应垂直安全存放。防护柜的高度应足以悬挂最长的内镜，且内镜的插入管不能接触到橱柜的地面。它们应如图11.7所示牢固支撑，并应收纳/锁定，以防止意外损坏或篡改。门不能有夹到内镜插入管的风险。

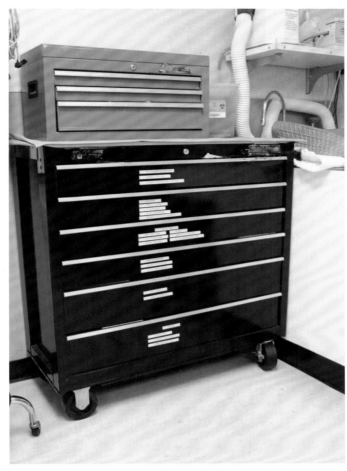

图11.5 这款储物推车的特点是有可以放置多种类型导尿管的瘦长抽屉，以及可以放置0.9%生理盐水瓶和输液袋的深抽屉，以及其他膀胱内镜检查设备

　　根据内镜手术的数量和在医院其他地方的使用情况，吸引装置可能会有所不同。在必要的房间内安装带墙上出水口的集中吸引设备（见图11.8）可能是最实用的。带轮子的移动吸力装置是一个很好的选择。

　　房间内应包括一个用于查看X线片的灯箱或一个用于检查数字影像的大屏幕。根据需要，灯箱还可以提供环境光源。

　　一个大而深的水槽也是必要的。它有很多用途——洗手、储存手术用冰块、预清洗污染的设备等。

可选设备

　　笼子可以为患病动物术前和术后提供一个更安全的观察区域，特别是在安排了多个手术的情况下。必要时，可将带锁车轮的笼子滚进或滚出房间。要注意，鼻内镜检查的患病动物可能会伴有不断

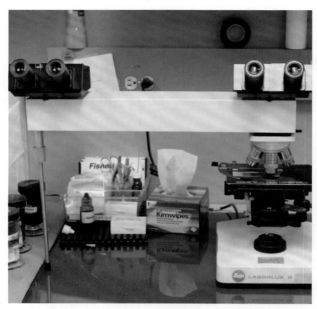

图11.6 细胞学评估需要的显微镜工作站，特别是在教学环境中。玻片和染色设备在显微镜旁边，靠近水槽。如图所示的显微镜占据了大约2ft的桌面空间

图11.7 兽医教学医院的内镜存储柜。内镜架附在一个长橱柜的内部。内镜放置在足够高的地方，这样插入管就不会接触到橱柜地面。水瓶、吸引罐、活组织切片和取物钳都放在内镜附近，这样相关物品就可以放在同一个地方

打喷嚏的鼻出血，因此在笼子前面应该有个空白清洁区。

使用荧光内镜检查的介入放射学技术有时会需要内镜方式的引导，特别是在膀胱内镜检查和气管内镜检查支架置入过程中。根据美国州或政府标准，手术室必须使用适当的防护材料进行改造以及配备所需防护设备的人员。还必须加装辐射标志。

应将脏了的亚麻布和毛巾放在洗衣容器中，并定期清空。多个洗衣容器是必要的，要将患有传染病动物的物品分开存放。

图11.8　吸入出口端和吸引罐。该端口连接件从出口端连接到罐盖端口。独立的管道连接到内镜末端的吸引端口。这些端口可以放置在诊所中任何需要吸引的地方

内镜及仪器操作室

根据内镜的日常使用情况，内镜清洗和高效消毒会缩短手术时间并提高效率。理想情况下，内镜处理室应与手术室相邻。这使得内镜和仪器能更好地从污染区流向清洁区，并最终用于下一步骤的储存或使用。如在手术室，表面应易于清洁和消毒。

内镜清洗需要大量的水，是一个潮湿的区域。超大的水槽便于泄漏检测和清洗内镜和配件中的杂物。如图11.9所示，应该有足够的柜台空间来容纳"污染"区域（通常在水槽旁边）和"干净"区域。"污染区"放置使用过内镜（台面已经进行了预清洗/冲洗）和其他使用过的器械。在进行高效消毒之前，内镜应在此区域刷净并冲洗。清洁区域可摆放直接从内镜用后处理器或浸泡托盘中取出内镜。应在房间内放置一个小型超声波清洗机，用于清洁钳子和小物件。还应该安装一条有接地故障保护器（GFCI）的电源插座。

　　根据病例量和内镜的使用情况，安装自动的内镜用后处理器可能对一个诊所是非常重要的。通过自动清洗、消毒和冲洗内镜和器械的所有管道，可以减少消毒溶液的接触，节省时间。有些内镜公司也制造自动化的用后处理器，如图11.10所示。

　　储物柜、抽屉和搁架可以用来存放一些配件，如额外的活检钳、消毒溶液和用于荧光内镜检查及激光碎石的个人防护装备（PPE）。较宽的橱柜可以容纳超薄或软质的膀胱内镜。

　　加压空气系统在短时间内干燥内镜管道是非常有用的。医用空气压缩机可以安装在整个医院使用的出口端。如图11.11所示，软质硅胶管可以安装在内镜端口上，因为内镜经过高效消毒后正在干燥，可以放在柜台上也可以挂在墙上，以确保所有的水分都从内镜中去除。商用级别的空气过滤器应安装在管道内，并根据制造商的规格进行更换。

图11.9　内镜处理室的长柜台分为"污染区"和"清洁区"。在图的左上方，塑料容器盛有每个内镜单独的清洁刷。充足的储物柜可存放额外的内镜设备，如经皮内镜下胃造瘘管和球囊扩张器。水槽附近有一个超声波清洗机

图11.10　在通风橱里的自动内镜用后处理器。用后处理器相邻的水箱里装着高效消毒溶液。紫外线和滤水器也在水管中连接在用后处理桶内。贴在墙上的橡皮垫整齐地固定着连接内镜和用后处理器的管子

内镜检查的可选设备可以是制冰机，用于鼻内镜和膀胱内镜中的血管收缩。用于加热静脉液体和用于支气管内镜的生理盐水瓶的加热箱也是有用的。

如图11.12所示，组织一个完整的工作空间专门用于内镜检查可能是一件大事情。拥有合适的工具可以让内镜兽医感到高兴，让患病动物的手术顺利进行。

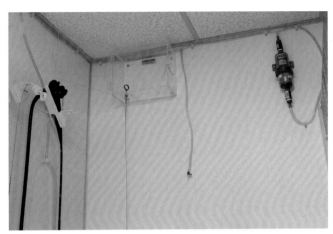

图11.11　在用后处理室周围有一个加压空气系统。内镜的管被直接放置柜台的"清洁侧"进行初步的加压空气处理，并在几个内镜悬挂站额外悬挂15~20min。许多内镜悬挂器包括用于悬挂活检钳的区域以进行彻底干燥

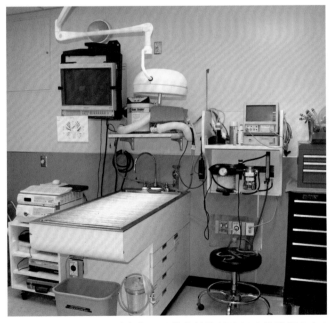

图11.12　兽医教学医院的其中一个内镜检查手术台。环境光是使用壁灯（显示器上方）上的调光器提供的。重点工作照明是通过摆臂上的手术灯来完成的。带有可移除格栅的手术台是非常容易清洗的。可移动的部件台适用于任何内镜检查手术

推荐阅读

[1]　Department of Veterans Affairs, Office of Construction and FacilitiesManagement (2011) *Design Guide: Digestive Diseases – Endoscopy Service.* www.cfm.va.gov/til/dGuide/dgDigestiveEndoscopy .pdf, accessed 18 April 2015.

[2]　EndoNurse (2005) *Endoscopy Suite.* www.endonurse.com/articles/2005/02/endoscopy-suite .aspx, accessed 18 April 2015.

[3]　Herman Miller Inc., Endoscopy Department (1999) *Graphic Standards Programming and Schematic Design.* www.facilityresources.ca/healthcare/endoscopy.pdf, accessed 18 April 2015.

英（拉）汉词汇对照表

A

adrenalectomy 肾上腺切除术

airway collapse 气道塌陷

airway dilation 气道扩张

airway obstruction 气道梗阻

all-channel irrigation system 全管道灌洗系统

American Society for Gastrointestinal Endoscopy 美国胃肠内镜学会

American Society of Anesthesiologists（ASA）美国麻醉兽医学会

analgesics 镇痛

anesthesia 麻醉

adapters 适配器

archiving 归档

arrhythmias 心律失常

arthroscopes 关节内镜

arthroscopy 关节内镜检查

arthrotomy 关节切开术

ASA Physical Status Classification System 美国麻醉兽医学会体格状态分级系统

aspiration test 抽吸测试

atelectasis 肺不张

automated endoscope reprocessors（AERs）内镜自动用后处理器

B

balanced（multimodal) technique 平衡（多模）技术

balloon dilation 球囊扩张

balloon dilators 球囊扩张器

biochemistry panel 生化套组

biohazard receptacles 生物危害容器

biopsies 活检

bladder 膀胱

bleeding 出血

blood count 血细胞计数

blood gas analyzers 血气分析仪

blood gas monitoring 血气监护

blood glucose（BG）血糖

blood loss 失血

blood pressure 血压

bronchial airway collapse 支气管气道塌陷

bronchiectasis 支气管扩张

bronchoalveolar lavage（BAL）支气管肺泡灌洗

bronchoscopes 支气管内镜

bronchoscopy 支气管内镜检查

bulb insufflators 球形吹入器

C

cable management systems 电缆管理系统

camera control unit（CCU）摄像机控制单元

capillary refill time 毛细血管再充盈时间

capnograms 二氧化碳图

capnography 二氧化碳描记术

cardiac output 心输出量

cecal inversion 盲肠翻转

celiotomy 开腹术

central venous pressure 中心静脉压

charge-coupled device（CCD）video 电荷耦合器件视频

chemistry panel 化学套组

chest tube complications 胸导管并发症

cholecystectomy 胆囊切除术

click method 滴答法

clipping 剃毛

coagulation panel 凝血套组

cold therapy 冷敷

colonic lavage 结肠灌洗

colonoscopy 结肠内镜检查

complete blood count（CBC）全血细胞计数

complications 并发症

component towers 部件台

computed tomography（CT）计算机断层扫描

constant-rate infusion（CRI）恒速输注

continuous positive airway pressure（CPAP）持续气道正压通气

contrast radiography 造影摄片

coronoidectomy 冠状突切除术

cribriform plates 筛状板

cryptorchid neuter 隐睾切除术

curettes 刮匙

cystopexy 膀胱固定术

cystoscopes 膀胱内镜

cystoscopy 膀胱内镜检查

cystotomy 膀胱切开术

cytology 细胞学检查

D

dental blocks 牙科阻滞

detergents 清洁剂

diastolic blood pressure 舒张压

digital rectal palpation 直肠指检

direct arterial blood pressure 直接动脉压

direct blood pressure monitoring 直接动脉压监护

disinfectants 消毒剂

Doppler method 多普勒法

Doppler probe 多普勒探头

dorsal tracheal membrane 背侧气管膜

double-diaphragm adapter 双隔膜适配器

E

elbow arthroscopy 肘关节内镜检查

electrocardiography（ECG）心电图

electrocautery 电凝止血

electrofrequency units 电频装置

electrolyte imbalances 电解质失衡

electrosurgery unit 电外科设备

endobronchial blockers 支气管阻滞剂

endoscopes 内镜

endoscopy reports 内镜检查报告

endoscopy towers 内镜检查台

endotracheal adapter 气管内适配器

esophageal intubation 食管插管

esophagogastroduodenoscopy（EGD）食管胃十二指肠内镜检查

esophagoscopy 食管内镜检查

F

fluid pumps 液体泵

fluoroscopy 荧光内镜检查

forced-air system 加压系统

forceps 钳子

foreign bodies 异物

G

gas accumulation 积气

gas embolisms 气体栓塞

gas insufflators 气体吹入器

gastric torsion 胃扭转

gastroduodenoscopy 胃十二指肠内镜检查

gastrointestinal procedures 消化道手术

gastroscopes 胃内镜

gastroscopy 胃内镜检查

graspers 抓钳

ground-fault circuit interrupter（GFCI）outlets 接地故障保护器电源插座

H

hanging drop technique 悬滴技术

heart rate 心率

hemorrhage 出血

hemostasis supplies 止血物资

hemostats 止血剂

histopathology 组织病理学

hypoventilation 通气不足

hypovolemia 低血容量

I

ileoscopy 回肠内镜检查

image-capturing devices 影像捕获设备

imaging diagnostics 影像诊断

implant failure 植入失败

implant migration 植入物迁移

impression smears 抹片

infectious disease protocols 传染病方案

infraorbital blocks 眶下阻滞

insemination 授精

instrument processing room 器械处理室

insufflation 吹气法

intermittent positive pressure ventilation（IPPV）间歇正压通气

intra-abdominal pressure reading 腹内压读数

J

jet ventilators 喷射呼吸机

j-maneuver J形操作

L

laparoscopes 腹腔内镜

laparoscopic-assisted surgery 腹腔内镜辅助手术

laparoscopic orchiectomy 腹腔内镜睾丸切除术

laparoscopy 腹腔内镜检查

laparotomy 开腹术

laryngeal biopsies 喉部活检

laryngoscopes 喉内镜

laryngoscopy 喉内镜检查

laser units 激光单元

leak tester 测漏仪

leak testing 泄漏测试

lens fogging 镜头起雾

lesions 损伤

light cables 光缆

lighting 照明

light sources 光源

lithotripsy 碎石术

lower airway endoscopy 下呼吸道内镜检查

lower esophageal sphincter（LES）食管下括约肌

lower gastrointestinal tract endoscopy 下消化道内镜检查

low-profile gastrostomy devices（LPGDs）低剖面胃造口术设备

lung lobectomy　肺叶切除术

M

magnetic resonance imaging（MRI）磁共振成像

mainstream capnography　主流二氧化碳描记术

masses　肿块

maxillary blocks　上颌阻滞

mean arterial blood pressure　平均动脉血压

microscope stations　显微镜工作站

monitors　显示器

medical-grade　医疗级

multiparameter　多参数

N

nasal trephination　鼻环锯术

nasopharyngoscopy　鼻咽内镜检查

neoplasias　肿瘤

nephrectomy　肾切除术

non-invasive blood pressure monitoring（NIBP）非侵入（无创）血压监护

non-steroidal anti-inflammatory drugs（NSAIDs）非甾体类抗炎药

O

obturators　闭孔器

one-lung ventilation（OLV）单肺通气

oral examination　口腔检查

oropharyngeal examination　口咽检查

oscillometric method　示波法

ovariectomy　卵巢切除术

ovariohysterectomy　卵巢子宫切除术

oxygen　氧气

oxygenation　氧合作用

oxygen cage　氧箱

P

packed cell volume（PCV）血细胞比容

pain control　疼痛控制

palpebral reflex　眼睑反射

parasites　寄生虫

partial pressure of carbon dioxide（$PaCO_2$）二氧化碳分压

patent ductus arteriosus（PDA）动脉导管未闭

S

splenectomy　脾切除术

stents　支架

sterilization　灭菌

sternotomy　胸骨切开术

stomach　胃

stomas　气孔

storage　储存

strictures　狭窄

suction canisters　吸引罐

suction devices　吸引设备

suction units　吸引单元

surgery reports　手术报告

surgical suite　手术套件

T

telescopes　可视内镜

temperature monitoring　体温监护

test strips　测试条

thoracic access　胸腔通路

thoracic duct ligation　胸导管结扎

thoracocentesis　胸腔穿刺术

thoracoscopes　胸腔内镜

thoracoscopy　胸腔内镜检查

thoracotomy　胸廓切开术

three-port adapters　三端口适配器

tissue fusion devices　组织融合设备

tracheal collapse　气管塌陷

tracheal lumen　气管腔

tracheoscopy　气管内镜检查

transcervical catheterization　经子宫颈插管

trauma　创伤

trigone　膀胱三角区

trocars　套管针

turbinates　鼻甲

two-headed teaching microscope　双机头教学显微镜

U

ultrasonic cleaners　超声波清洗机

ultrasound　超声

upper airway endoscopy（UAE）　上呼吸道内镜检查

upper gastrointestinal（UGI) tract endoscopy　上消化道内镜检查

urethroscopes　尿道内镜检查

urinalysis（UA）尿液分析

urogenital endoscopy　泌尿生殖道内镜检查

uroliths　结石

V

vaginoscopy　阴道内镜检查

vascular ring anomalies　血管环异常

vasoconstriction　血管收缩

vasodilation　血管舒张

ventilation　通气

ventricular depolarization　心室去极化

Veress needles　气腹针

vessel dissection devices　血管分离设备

vessel sealing devices 血管封堵设备

video bronchoscopes 视频支气管内镜

video-assisted thoracic surgery（VATS） 视频辅助胸腔手术

video cameras 视频摄像机

video capture equipment 视频捕获设备

video processor adaptor cords 视频处理器适配器线

video processors 视频处理器

videoscopes 视频内镜

video towers 视频台

V/Q mismatch 通气/灌流不匹配

W

white balance 白平衡

wire baskets 金属丝篮

wireless receiver systems 无线接收系统

wound retraction devices 伤口牵开设备